松《まつ》延《のぶ》康《しずか》の

理科実験ブック

自由研究にも役立つ!

実務教育出版

はじめに

「自由研究《じゆうけんきゅう》って、何《なに》したらいいかわかんなーい!」

そうだよね、こまるよね。みんなの声《こえ》が聞《き》こえてくるようです。でもね、別《べつ》に新《あたら》しいことをやらなくてもいいんだ。おんなじ実験《じっけん》でもいいんだよ。「あっ、キレイ!」とか「わっ、おもしろそう!」って思《おも》ったら、自分《じぶん》でやってみたくなるじゃない?

じゃあ、やってみようよ!

「知《し》っている」「見《み》たことがある」「やったことがある」

みんなは、学校《がっこう》の授業《じゅぎょう》や本《ほん》、インターネットなどから、たくさんの知識《ちしき》を得《え》ることができます。知《し》っているということは素晴《すば》らしいことです。でも、実際《じっさい》に見《み》たりさわったり

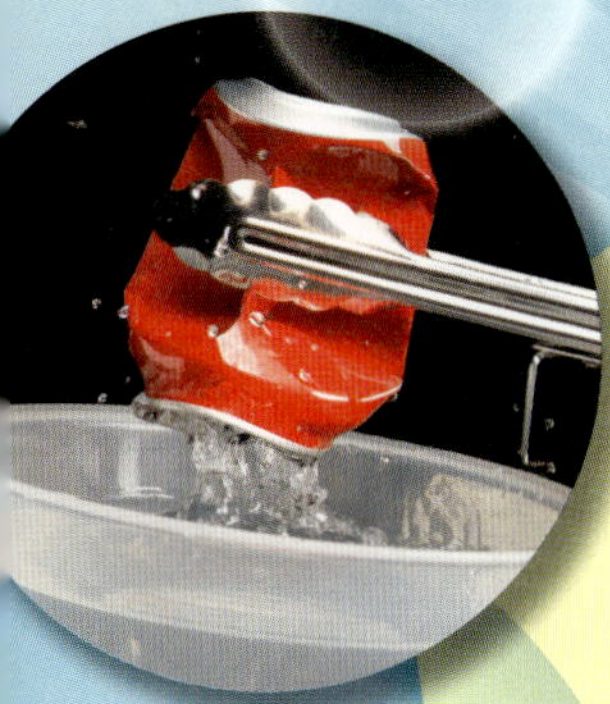

しなければ、わからないこともありますね。そして、やったことがあるということは、知《し》っている、見《み》たことがあるということとは、まったくちがうことなのです。「ここはどうしてなのかな」とか「こうしたほうがいいのかな」。やってみて初《はじ》めて気《き》がつくところが必《かなら》ずあるはずです。

でも、一《いち》番《ばん》大《だい》事《じ》なことは、「やってみないと、『うまくいかないこと』や『難《むずか》しいこと』がたくさんあることがわからない」ということ。実際《じっさい》には、予想通《よそうどお》りにならなかったり、難《むずか》しくてできなかったりすることが多《おお》いのです。そんなとき、「できないー、失敗《しっぱい》だー、意味《いみ》ないーー!」って思《おも》わないでね。だって、「その『考《かんが》えかた』や『やりかた』ではうまくいかないことがわかった」ということでしょう? それは失敗《しっぱい》じゃないよね。素晴《すば》らしいことだよね!

この本《ほん》では、身近《みぢか》な材料《ざいりょう》や道具《どうぐ》でできるキレイな実験《じっけん》をたくさん集《あつ》めました。ダイスケといっしょに実験《じっけん》を楽《たの》しんでください。全部《ぜんぶ》の実験《じっけん》に挑戦《ちょうせん》してくれたらノブ先生《せんせい》もキャサリンもうれしくって「うひょ!」ってなっちゃうよ!

松《まつ》延《のぶ》 康《しずか》

もくじ

1 迷《まい》子《ご》のリコを元《もと》の世《せ》界《かい》へもどしてあげよう!

2 こわがりなタロの一人《ひとり》立《だ》ち試《し》験《けん》を手《て》伝《つだ》おう!

3 キレイ好《ず》きハナの記憶《きおく》を取《と》りもどそう！

この本《ほん》のつかいかた

実験《じっけん》をしながら、妖怪《ようかい》たちのピンチを助《たす》けよう。
思《おも》わず「うひょ！」とおどろくふしぎをいっしょに体験《たいけん》してみてね。

マンガページ

ダイスケが妖怪《ようかい》たちと出会《であ》って、助《たす》けていく物語《ものがたり》だよ。

マンガ

ダイスケたちが妖怪《ようかい》と出会《であ》うストーリー。

うひょポイントのかいせつ

身近《みぢか》なところには、思《おも》わず「うひょ!」とおどろくようなふしぎがいっぱいあるんだ。保護者《ほごしゃ》のかたといっしょに読《よ》んで、「なんでだろう?」を「そうなんだ!」に変《か》えてみよう!
※保護者《ほごしゃ》のかたにもぜひ読《よ》んでいただきたい解説《かいせつ》です。

● 3つのストーリー

1 迷子《まいご》のリコを元《もと》の世界《せかい》へもどしてあげよう!

雪《ゆき》の国《くに》から迷《まよ》い込《こ》んだ雪《ゆき》ん子《こ》・リコを、元《もと》の世界《せかい》へもどすためのエネルギーをためる実験《じっけん》をしてあげよう。

2 こわがりなタロの一人立《ひとりだ》ち試験《しけん》を手伝《てつだ》おう!

半人前《はんにんまえ》のカッパ・タロが、試験《しけん》に合格《ごうかく》できるような実験《じっけん》をして、オドロキ玉《だま》を集《あつ》めてあげよう。

3 キレイ好《ず》きハナの記憶《きおく》を取《と》りもどそう!

記憶《きおく》がないトイレの花子《はなこ》さんのハナ。学校《がっこう》をめぐりながら実験《じっけん》をして、記憶《きおく》を思《おも》い出《だ》させてあげよう。

実験《じっけん》ページ

ノブ先生《せんせい》が妖怪《ようかい》を助《たす》ける実験《じっけん》のやりかたを教《おし》えるよ。

結果写真《けっかしゃしん》
実験《じっけん》をした結果《けっか》の写真《しゃしん》だよ。
キミの実験《じっけん》はどうなったかな?

つかうもの
実験《じっけん》でつかう道具《どうぐ》や薬品《やくひん》などが書《か》いてあるよ。

実験《じっけん》タイトル
ノブ先生《せんせい》が教《おし》えてくれた実験《じっけん》の名前《なまえ》だよ。

なんでこうなる?
この実験《じっけん》がどうしてそうなったのか、
説明《せつめい》が書《か》いてあるよ。

実験《じっけん》のやりかた
実験《じっけん》の手順《てじゅん》を説明《せつめい》しているよ。
写真《しゃしん》を見《み》ながらやってみてね。

かかる時間《じかん》
実験《じっけん》の手順《てじゅん》にかかる
時間《じかん》の目安《めやす》だよ。

むずかしさ
実験《じっけん》のむずかしさを
3段階《だんかい》で表《あらわ》しているよ。

自由研究対策室《じゆうけんきゅうたいさくしつ》ページ・応用実験《おうようじっけん》ページ

マンガで妖怪《ようかい》たちを助《たす》けた実験《じっけん》と似《に》ている実験《じっけん》をしょうかいするよ。

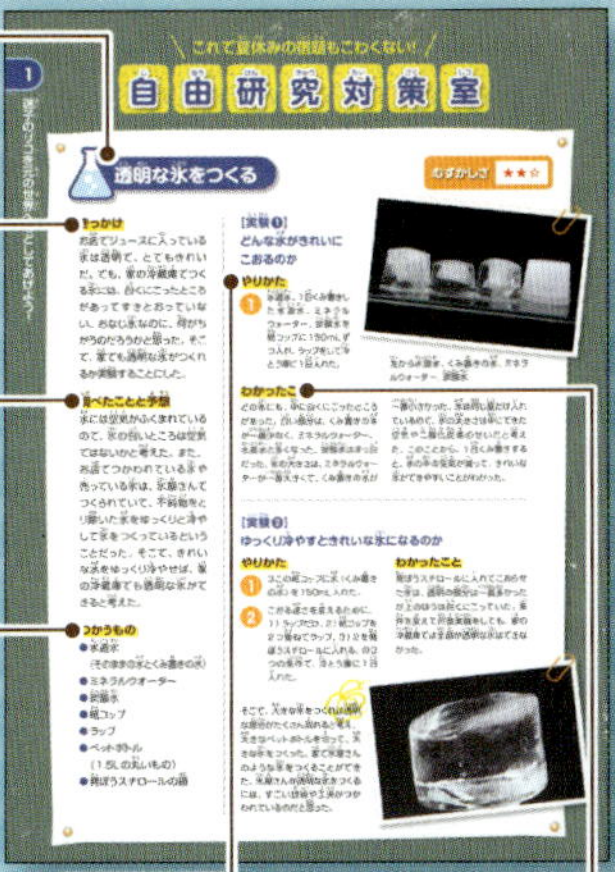

実験《じっけん》タイトル
実験《じっけん》の名前《なまえ》だよ。

きっかけ
「どうしてなんだろう?」と思《おも》ったことだよ。

調《しら》べたことと予想《よそう》
「きっとこうなるだろう」を調《しら》べて考《かんが》えてみてね。

つかうもの
実験《じっけん》でつかう道具《どうぐ》や薬品《やくひん》などが書《か》いてあるよ。

実験《じっけん》のやりかた
実験《じっけん》の手順《てじゅん》だよ。説明《せつめい》にそって、キミもやってみよう!

わかったこと
この実験《じっけん》からわかったことを説明《せつめい》しているよ。

実験《じっけん》タイトル
実験《じっけん》の名前《なまえ》だよ。

つかうもの
実験《じっけん》でつかう道具《どうぐ》や薬品《やくひん》などが書《か》いてあるよ。保護者《ほごしゃ》のかたといっしょにそろえてみよう。

やりかた
実験《じっけん》の手順《てじゅん》だよ。説明《せつめい》にそって、キミもやってみよう!

ポイント
大事《だいじ》なことや注意《ちゅうい》することが書《か》いてあるよ。絶対《ぜったい》に守《まも》って実験《じっけん》してね。

先生《せんせい》アドバイス
うまくいくコツや、どうしてこうなったかをノブ先生《せんせい》が教《おし》えてくれるよ。

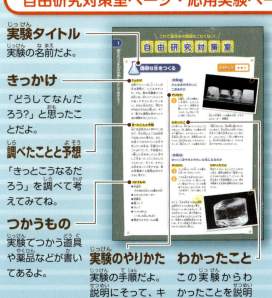

\ これで夏休《なつやす》みの宿題《しゅくだい》もこわくない! /

自《じ》由《ゆう》研《けん》究《きゅう》のまとめかた

じょうずに進《すす》める手順《てじゅん》を、ノブ先生《せんせい》がアドバイスしてくれたよ。
P51、P67、P106に自由研究《じゆうけんきゅう》の例《れい》があるから参考《さんこう》にしてみてね。

きっかけを探《さが》す

1 「うひょ!」を感《かん》じよう

身《み》のまわりには、きっかけがたくさん

「どうしてだろう?」「とにかくやってみたい!」と思《おも》ったことが、実験《じっけん》のきっかけになるよ。学校《がっこう》の授業《じゅぎょう》、テレビ、自然《しぜん》の中《なか》……身《み》のまわりにはきっかけがあふれている。そこから、どうも気《き》になる「うひょ!」が見《み》つけられれば最高《さいこう》!　それをテーマにしよう。たとえばサッカーが好《す》きなら「ボールの飛《と》び方《かた》」とかね。「うひょ!」に出《で》あうコツは「なぜ?」「どうやって?」をふだんから感《かん》じることとさ。

調《しら》べて予想《よそう》する

2 物語《ものがたり》をつくろう

「きっとこうなるだろう」を考《かんが》える

実験《じっけん》には専用《せんよう》のノートを必《かなら》ず用意《ようい》すること。このノートに、考《かんが》えたことや必要《ひつよう》なもの、実験《じっけん》の計《けい》画《かく》など、何《なん》でも書《か》き出《だ》そう。本《ほん》やインターネットでおなじような実験《じっけん》を調《しら》べれば、材料《ざいりょう》ややりかたの参考《さんこう》になるよ。実験《じっけん》の計画《けいかく》は「何《なに》を知《し》りたいのか(目的《もくてき》)」、「そのためにどうするのか(方法《ほうほう》)」、「きっとこうなるだろう(仮説《かせつ》)」「何《なに》がわかるのか(結果《けっか》)」という物語《ものがたり》をつくるんだ。もちろん、「やってみなけりゃわからない」もあっていいよ。

さぁ、実験《じっけん》

3 実験《じっ けん》は記録《き ろく》だ!

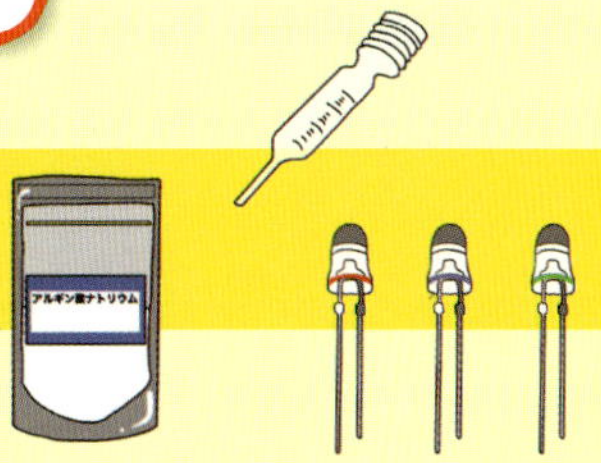

「ちょっとどこかちがう」を探《さが》す

さあ、いよいよ実験《じっけん》だ。まず、実験《じっけん》する場所《ばしょ》をキレイにする。そして、材料《ざいりょう》や器具《きぐ》、手順《てじゅん》をもう一度《いちど》確認《かくにん》する。実際《じっさい》にやった手順《てじゅん》は、すべてノートに記録《きろく》しながら進《すす》めること。あとから書《か》こうと思《おも》うと忘《わす》れてしまうから、それは絶対《ぜったい》ダメ!　写真《しゃしん》やビデオカメラもどんどんつかおう。記録《きろく》しているうちに、新《あたら》しいアイデアがうかぶことも多《おお》いよ。

後片付《あとかたづ》けも忘《わす》れずに。準備《じゅんび》から片付《かたづ》けまでが実験《じっけん》だ。

まとめる

4 結果《けっ か》をまとめよう

5つの内容《ないよう》を書《か》き出《だ》す

思《おも》うような結果《けっか》になってもならなくても、実験《じっけん》は必《かなら》ずまとめよう。次《つぎ》のポイントでまとめれば、発表《はっぴょう》しやすくなるよ。

① **タイトル**：思《おも》わず読《よ》んでみたくなるものにしよう。

② **きっかけ（目的《もくてき》）**：「❷物語《ものがたり》をつくろう」で考《かんが》えたことをまとめよう。

③ **つかったもの（材料《ざいりょう》）、やりかた（方法《ほうほう》）**：
自分以外《じぶんいがい》の人《ひと》が読《よ》んで、おなじことができる「くわしさ」で書《か》こう。

方法《ほうほう》と結果《けっか》はやったことを伝《つた》えるので「～する」ではなくて「～した」と書《か》くよ。

④ **わかったこと（結果《けっか》）**：
図《ず》や表《ひょう》だけではなく、必《かなら》ず文章《ぶんしょう》で書《か》くこと。
図《ず》は一目《ひとめ》でわかりやすくするために、表《ひょう》はくわしく説明《せつめい》するためにつかおう。

⑤ **考《かんが》えたこと（考察《こうさつ》）**：
実験《じっけん》が思《おも》うような結果《けっか》になったのか。
もし、ならなかったらそれはどうしてなのか。
わかったこと、調《しら》べたことや感想《かんそう》もふくめてまとめよう。

次《つぎ》の実験《じっけん》のきっかけにつなげられれば、ノブ先生《せんせい》からはいうことなし!

ダイスケの妖怪《ようかい》お助《たす》け大作戦《だいさくせん》　巻頭《かんとう》ストーリー

実験《じっけん》は楽《たの》しい？　難《むずか》しい？

夏休《なつやす》みは、遊《あそ》びまくるつもりだったダイスケだが……。

うひょポイントのかいせつ

うひょ１　ボールの速《はや》さはどうやって測《はか》るの？

山登《やまのぼ》りしたときに、「ヤッホー！」と、思《おも》いっきり大《おお》きな声《こえ》で叫《さけ》んでみてください。うまくいくと、自分《じぶん》の声《こえ》が跳《は》ね返《かえ》って「やまびこ」が聞《き》こえます。この、音《おと》が跳《は》ね返《かえ》って戻《もど》ってくるのと同《おな》じ性質《せいしつ》が、意外《いがい》なことに使《つか》われています。それは、「スピードガン」。ボールの速《はや》さを測《はか》る装置《そうち》です。プロサッカー選手《せんしゅ》のシュートは時速《じそく》１６５㎞にもなるそうです。そんなに速《はや》いボールの速《はや》さをどうやって測《はか》るのでしょうか。

まず、飛《と》んでくるボールに向《む》かってスピードガンから電波《でんぱ》を発射《はっしゃ》します（山《やま》に向《む》かって「ヤッホー！」って叫《さけ》ぶことと同《おな》じ）。電波《でんぱ》はボールにぶつかって、跳《は》ね返《かえ》って戻《もど》ってきます（やまびこが戻《もど》ってくることと同《おな》じ）。電波《でんぱ》も音《おと》も波《なみ》のように伝《つた》わります。波《なみ》の幅《はば》を波長《はちょう》といいます。ボールが止《と》まっているときは、当《あ》てた電波《でんぱ》と反射《はんしゃ》して戻《もど》ってくる電波《でんぱ》の波《は》長《ちょう》は同《おな》じです（イラスト左《ひだり》）。ところが、向《む》かってくるボールに当《あ》たった電波《でんぱ》は、ボールが近《ちか》づいてくる分《ぶん》だけ波長《はちょう》が短《みじか》くなるのです（イラスト右《みぎ》）。ボールが速《はや》ければ速《はや》いほど、戻《もど》ってくる電波《でんぱ》の波長《はちょう》は短《みじか》くなります。当《あ》て

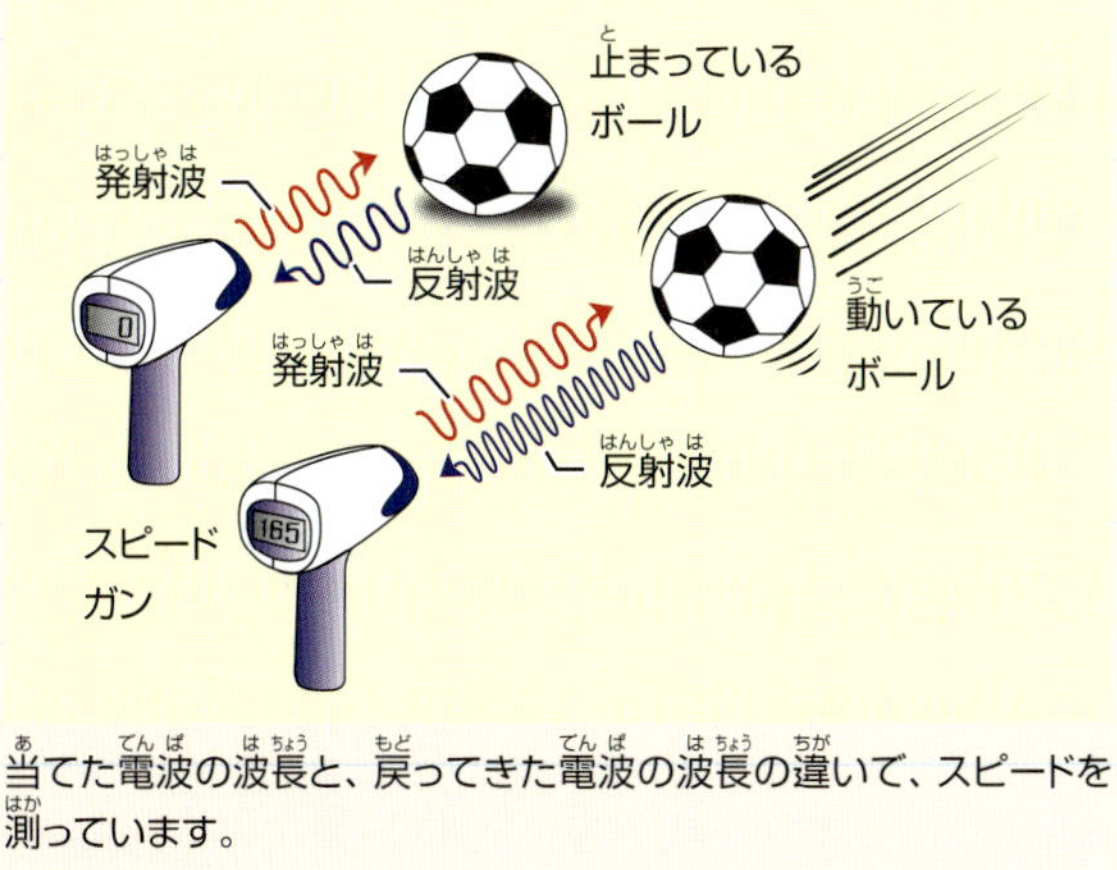

当《あ》てた電波《でんぱ》の波長《はちょう》と、戻《もど》ってきた電波《でんぱ》の波長《はちょう》の違《ちが》いで、スピードを測《はか》っています。

た電波《でんぱ》の波長《はちょう》と、戻《もど》ってきた電波《でんぱ》の波長《はちょう》の違《ちが》いからスピードを計算《けいさん》するのです。以前《いぜん》はスピード違反《いはん》を取《と》り締《し》まるための装置《そうち》にも使《つか》われていました。

このように、動《うご》いているものから発射《はっしゃ》されたり、反射《はんしゃ》したりするときに波長《はちょう》が変《か》わる現象《げんしょう》を「ドップラー効果《こうか》」といいます。遠《とお》くから近《ちか》づいてくる救急車《きゅうきゅうしゃ》のサイレンの音《おと》がだんだん高《たか》くなって、通《とお》りすぎたとたんに低《ひく》くなっていくのもドップラー効果《こうか》によるものです。スピードガンと救急車《きゅうきゅうしゃ》のサイレンの音《おと》が変《か》わる理由《りゆう》が同《おな》じ現象《げんしょう》だなんておもしろいですね。

うひょポイントのかいせつ

うひょ2 プラトンからアルキメデスへ？

サッカーボールといえば黒《くろ》と白《しろ》ですね。ボールをよく見《み》ると、たくさんの図形《ずけい》が並《なら》んでいます。正五角形《せいごかくけい》が12枚《まい》と正六角形《せいろっかくけい》20枚《まい》。とても美《うつく》しい並《なら》び方《かた》です。このボールが使《つか》われ始《はじ》めたのは、今《いま》から50年《ねん》ほど前《まえ》です。それまでのボールは白《しろ》だけでした。この白黒《しろくろ》のボールは、当時《とうじ》、普及《ふきゅう》し始《はじ》めたテレビの放送《ほうそう》では、見《み》やすくて大好評《だいこうひょう》だったそうです。その名前《なまえ》も、テレビ＋スターで「テルスター」！

サッカーボールのような構造《こうぞう》は、アルキメデスの立体《りったい》と呼《よ》ばれています。アルキメデスの立体《りったい》とは、2種類《しゅるい》以上《いじょう》の正多角形《せいたかくけい》からできている立体《りったい》のことです。同《おな》じ形《かたち》の正多角形《せいたかくけい》で囲《かこ》まれた立体《りったい》は、プラトンの立体《りったい》といいます。サイコロがそうですね（正方形《せいほうけい》でできた六面体《ろくめんたい》）。サッカーボールの構造《こうぞう》は、プラトンの立体《りったい》がアルキメデスの立体《りったい》に変身《へんしん》したものといえます。正二十面体《せいにじゅうめんたい》の頂点《ちょうてん》をすべて切《き》り落《お》として（展開図《てんかいず》の正三角形《せいさんかくけい》を正六角形《せいろっかくけい》にする）できているのです。正二十面体《せいにじゅうめんたい》の頂点《ちょうてん》をすべて切《き》り落《お》としてできる立体《りったい》なので、「切頂二十面体《せっちょうにじゅうめんたい》」という名前《なまえ》がついています。また、１９８５年《ねん》には、サッカーボー

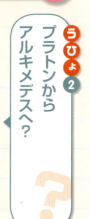

ルと同《おな》じ構造《こうぞう》の炭素原子《たんそげんし》が60個集《こしゅう》まった集合体《ごうたい》（C60フラーレン）の存在《そんざい》が明《あき》らかにされました。切頂二十面体《せっちょうにじゅうめんたい》にC60フラーレン、すごくカッコイイ名前《なまえ》ですね。

平面《へいめん》をつないで膨《ふく》らませると球形《きゅうけい》になり、物理学的《ぶつりがくてき》にも優《すぐ》れた強度《きょうど》を持《も》つ構造《こうぞう》。最近《さいきん》では、テルスターとはまったく違《ちが》う構造《こうぞう》のボール「＋《プラス》チームガイスト」も開発《かいはつ》されています。たくさんの秘密《ひみつ》を持《も》つサッカーボール、これからもますます進化《しんか》を続《つづ》けていくのでしょう。

【サッカーボールの展開図《てんかいず》】

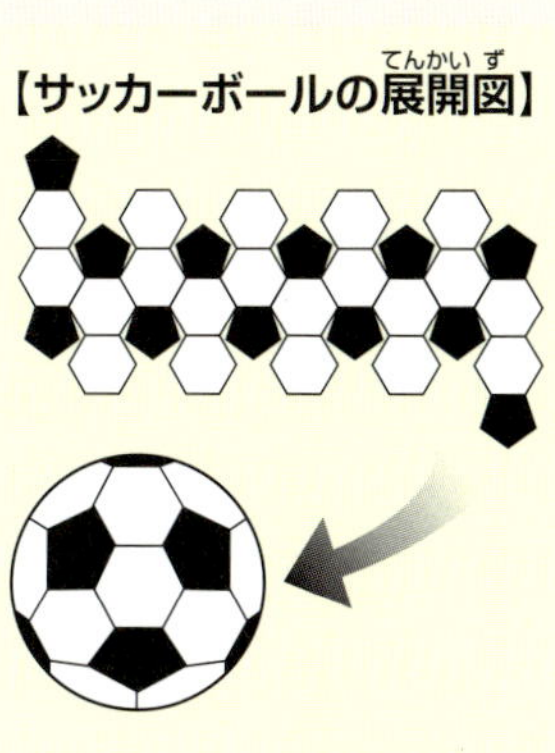

サッカーボールは、正五角形《せいごかくけい》と、正六角形《せいろっかくけい》を組《く》み合《あ》わせて作《つく》られています。

【正二十面体《せいにじゅうめんたい》の展開図《てんかいず》】

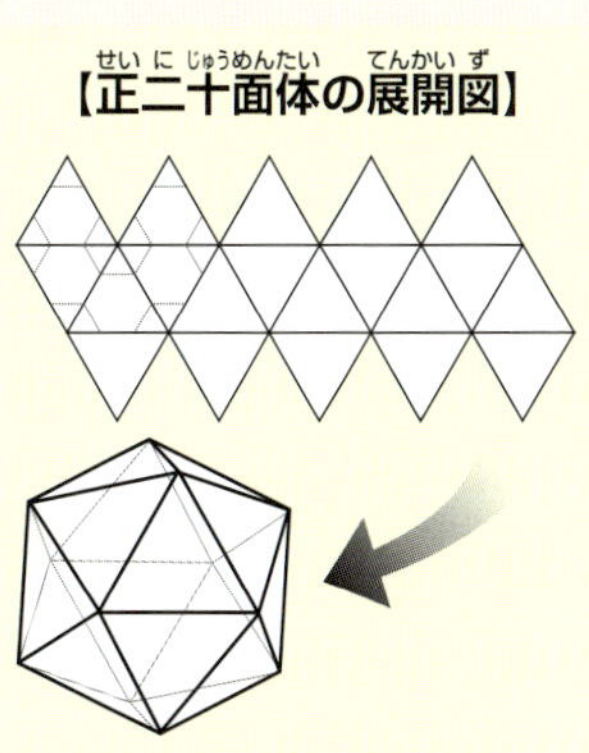

この正二十面体《せいにじゅうめんたい》の頂点《ちょうてん》をすべて切《き》り落《お》とすとサッカーボールの形《かたち》になります。

実験室《じっけんしつ》の掟《おきて》

一、実験室《じっけんしつ》で一番《いちばん》大切《たいせつ》なことは安全《あんぜん》です。

一、仕事《しごと》をするときは、体《からだ》の正面《しょうめん》でします。

一、実験《じっけん》の前《まえ》と後《あと》に、実験台《じっけんだい》を拭《ふ》きます。

学校《がっこう》には理科室《りかしつ》という教室《きょうしつ》があります。でも、ノブ先生は理科室《りかしつ》とはいいません。実《じっ》験《けん》室《しつ》といいます。多目的室《たもくてきしつ》や体育館《たいいくかん》、児童《じどう》館《かん》や科学館《かがくかん》。やっぱり実験室《じっけんしつ》です。実験《じっけん》をするところが実験室《じっけんしつ》です。みなさんが、この本《ほん》を見《み》ながら実験《じっけん》したら、自分《じぶん》の部屋《へや》が、キッチンが、おふろ場《ば》が実験室《じっけんしつ》になるのです。そして、実験室《じっけんしつ》には「掟《おきて》」があります。

「実験室《じっけんしつ》で一番《いちばん》大切《たいせつ》なことは安全《あんぜん》です」

どんなに楽《たの》しい実験《じっけん》をしていても、どんなに素晴《すば》らしい研究《けんきゅう》をしていても、そのために

自分《じぶん》や周《まわ》りの人《ひと》がけがをしたり、病気《びょうき》になったりしては絶対《ぜったい》にいけません。安全《あんぜん》が一番大《いちばんたい》切《せつ》なことです。みなさんに約束《やくそく》してもらうことが2つあります。

「仕事《しごと》をするときは、体《からだ》の正面《しょうめん》でします」

実験《じっけん》のためのすべての作業《さぎょう》を仕事《しごと》といいます。仕事《しごと》というと、ちょっと緊張《きんちょう》しますね。そうです。仕事《しごと》ですから、緊張感《きんちょうかん》と責任《せきにん》を持《も》ってやらなければなりません。最初《さいしょ》の約《やく》束《そく》は、体《からだ》の正面《しょうめん》で仕事《しごと》をすることです。両《りょう》手《て》を使《つか》って、楽《らく》に自然《しぜん》な姿勢《しせい》で仕事《しごと》ができるのが正面《しょうめん》です。

「実験《じっけん》の前《まえ》と後《あと》に実験台《じっけんだい》を拭《ふ》きます」

ご飯《はん》を食《た》べる前《まえ》にはテーブルを片付《かたづ》けてきれいに拭《ふ》きますよね。もちろん手《て》も洗《あら》います。実験《じっけん》をするときも同《おな》じです。食《た》べ終《お》わったら、食器《しょっき》を洗《あら》って片付《かたづ》け、テーブルを拭《ふ》きますね。実験《じっけん》のときもそうしてください。

無理《むり》な姿勢《しせい》で仕事《しごと》をしたり、実験台《じっけんだい》の上《うえ》が乱雑《らんざつ》になっていたりすると、それがけがにつながります。万《まん》が一《いち》、事故《じこ》が起《お》きたときには、掟《おきて》が守《まも》られていないはずです。自分《じぶん》がけがをしたり、人《ひと》にけがをさせたりしたら「万《まん》が一《いち》」ではすみません。いつでも、事故《じこ》は起《お》きるかもしれない、という心構《こころがま》えで実験《じっけん》を楽《たの》しんでください。

登《とう》場《じょう》人《じん》物《ぶつ》と妖《よう》怪《かい》たちの しょうかい

タロ

こわがりで、ちょっと厚《あつ》かましいカッパ。大兄弟《だいきょうだい》の長男《ちょうなん》。一人《いちにん》前《まえ》になるためのテスト中《ちゅう》。

ハナ

記憶《きおく》をなくしてしまっている、トイレの花子《はなこ》さん。キレイ好《ず》きな女《おんな》の子《こ》。

リコ

さみしがりやで泣《な》き虫《むし》な、こどもの雪《ゆき》ん子《こ》。雪《ゆき》の国《くに》の住人《じゅうにん》。

ダイスケ

主人公《しゅじんこう》。活発《かっぱつ》なサッカー少年《しょうねん》。勉強《べんきょう》はあまり得意《とくい》ではないが、おもしろいことや、びっくりすることが大好《だいす》き。

ノブ先生《せんせい》

理科《りか》の先生《せんせい》。ダイスケの家庭教《かていきょう》師《し》もしている。やさしくダイスケを助《たす》けてくれる。

キャサリン

ノブ先生《せんせい》の助《じょ》手《しゅ》。先生《せんせい》が実験《じっけん》をするときにサポートをしている。強気《つよき》なブタの女《おんな》の子《こ》。

1

迷子《まいご》のリコを元《もと》の世界《せかい》へもどしてあげよう!

冷蔵庫《れいぞうこ》を開《あ》けたら、そこには……雪《ゆき》の妖怪《ようかい》!?
雪《ゆき》や氷《こおり》につながる実験《じっけん》を見《み》せて、
雪《ゆき》ん子《こ》・リコが雪《ゆき》の国《くに》へ帰《かえ》れるように手伝《てつだ》おう。

冷蔵庫《れいぞうこ》から泣《な》き虫《むし》雪《ゆき》ん子《こ》現《あらわ》る!

いきなり女《おんな》の子《こ》が現《あらわ》れた!? 氷《こおり》の実験《じっけん》で助《たす》けることになったが……。

うひょポイントのかいせつ

うひょ 3 ふしぎがいっぱい! 冷蔵庫《れいぞうこ》

消毒用《しょうどくよう》アルコールを塗《ぬ》られるとヒヤッとしますよね。アルコールは蒸発《じょうはつ》（気化《きか》）しやすい薬品《やくひん》です。液体《えきたい》は蒸発《じょうはつ》するときにまわりの熱《ねつ》を奪《うば》うので、私《わたし》たちは冷《つめ》たく感《かん》じるのです。

物質《ぶっしつ》には、固体《こたい》、液体《えきたい》、気体《きたい》の状態《じょうたい》があります。物質《ぶっしつ》の三態《さんたい》といい、氷《こおり》、水《みず》、水蒸気《すいじょうき》のような状態《じょうたい》です。物質《ぶっしつ》の状態《じょうたい》は、温度《おんど》と圧力《あつりょく》で変《か》わります。気体《きたい》に圧力《あつりょく》をかけると、液体《えきたい》になり熱《ねつ》を出《だ》します。液体《えきたい》が冷《さ》めて気体《きたい》に戻《もど》るときには、まわりから熱《ねつ》を奪《うば》います（気化熱《きかねつ》）。冷蔵庫《れいぞうこ》は、この性質《せいしつ》を利用《りよう》して冷《ひ》やしているのです。

冷蔵庫《れいぞうこ》には細《ほそ》いパイプが張《は》りめぐらされていて、常温《じょうおん》（ふだん生活《せいかつ》している温度《おんど》）で蒸発《じょうはつ》するようなガスが入《はい》っています。これを、冷媒《れいばい》ガスといいます。コンプレッサー（圧縮機《あっしゅくき》）という機械《きかい》で圧力《あつりょく》をかけられて液体《えきたい》になった冷媒《れいばい》（熱《あつ》くなっている）は、冷蔵庫《れいぞうこ》の裏側《うらがわ》のパイプで常温《じょうおん》に冷《さ》まされます。冷蔵庫《れいぞうこ》の裏《うら》が熱《あつ》いのはそのためです。冷《ひや》されて液体《えきたい》から気体《きたい》に戻《もど》った冷媒《れいばい》ガスは、庫内《こない》のパイプに送《おく》られ、気化熱《きかねつ》でまわりから熱《ねつ》を奪《うば》うので冷蔵庫《れいぞうこ》の中《なか》は冷《ひ》えるのです。

アフリカン非電化冷蔵庫《ひでんかれいぞうこ》という、名前《なまえ》の通《とお》り、電気《でんき》を使《つか》わない冷蔵庫《れいぞうこ》があります。これは、植木鉢《うえきばち》のような素焼《すや》きの入《い》れ物《もの》に砂《すな》と水《みず》を入《い》れるだけです。砂《すな》に染《し》み込《こ》んだ水《みず》が、素焼《すや》きの入《い》れものの表面《ひょうめん》から蒸発《じょうはつ》するときの気化熱《きかねつ》で冷《ひ》やすのです。アフリカのように気温《きおん》が高《たか》く乾燥《かんそう》していて、水《みず》が蒸発《じょうはつ》しやすい地域《ちいき》で使《つか》われます。条件《じょうけん》がよければまわりよりも10℃くらい温度《おんど》を下《さ》げることができるそうです。

家《いえ》にある電気製品《でんきせいひん》の中《なか》で、その大《おお》きさから圧倒的《あっとうてき》な存在感《そんざいかん》を誇《ほこ》る冷蔵庫《れいぞうこ》。冷蔵庫《れいぞうこ》には、冷却《れいきゃく》、放熱《ほうねつ》、温度《おんど》の密閉《みっぺい》、重心《じゅうしん》(倒《たお》れにくさ)、人間工学《にんげんこうがく》(使《つか》いやすさ)など、たくさんのふしぎがあります。

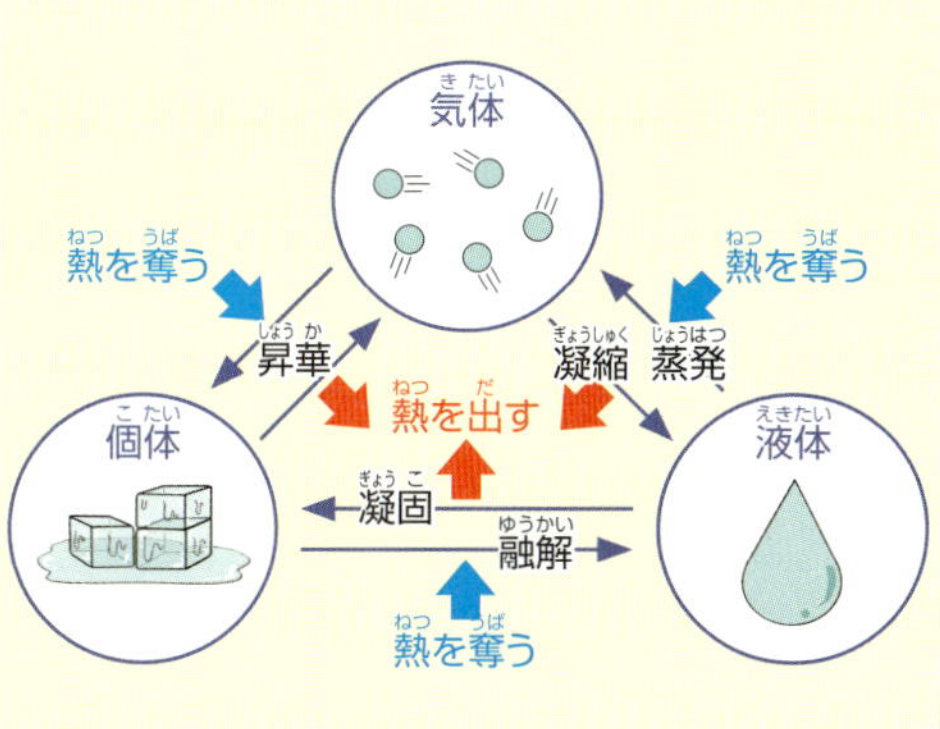

物質《ぶっしつ》には、固体《こたい》、液体《えきたい》、気体《きたい》の状態《じょうたい》があります。冷蔵庫《れいぞうこ》は、この性質《せいしつ》を利用《りよう》して庫内《こない》を冷《ひ》やしているのです。

うひょポイントのかいせつ

うひょ4 穴《あな》に落《お》ちたリコの運命《うんめい》は？

「陥没穴《かんぼつあな》」という現象《げんしょう》があります。英語《えいご》で「シンクホール」、ドイツ語《ご》で「ドリーネ」といいます。2007年《ねん》にはグアテマラシティの住宅街《じゅうたくがい》に突然深《とつぜんふか》さ100mの穴《あな》が開《あ》きました。シンクホールは、地下《ちか》に知《し》らない間《あいだ》に大《おお》きな空間《くうかん》ができて、突然表面《とつぜんひょうめん》がくずれ落《お》ちる現象《げんしょう》です。石灰岩《せっかいがん》など、水《みず》に浸食《しんしょく》されやすい地盤《じばん》が空洞化《くうどうか》するなど自然《しぜん》に起《お》きることもあります。また、廃坑《はいこう》がそのままになっていたり、上下水道工事《じょうげすいどうこうじ》の埋《う》め戻《もど》しが雑《ざつ》で土砂《どしゃ》が流《なが》れてしまったりして空洞化《くうどうか》するなど、人工的《じんこうてき》なことが原因《げんいん》である場合《ばあい》もあります。

さて、地面《じめん》に突然穴《とつぜんあな》が開《あ》いたら、物《もの》は落《お》ちてしまいます。物《もの》が落《お》ちるのは、地球《ちきゅう》が物《もの》をひっぱっているからです。これを「重力《じゅうりょく》」といいます。物《もの》と物《もの》には、お互《たが》いにひっぱり合《あ》う力《ちから》（万有引力《ばんゆういんりょく》）があります。この力《ちから》は重《おも》くなればなるほど大《おお》きく、軽《かる》い物《もの》ではほとんどわからないほどです。地球《ちきゅう》と私《わたし》たちでは相手《あいて》になりません。重力《じゅうりょく》は、重《おも》い物《もの》でも軽《かる》い物《もの》でも同《おな》じようにかかります。ですから鉄《てつ》のハンマーも鳥《とり》の羽《はね》も同《おな》じ速《はや》さで落《お》ちるはずで

あれっ
いつものうちの冷蔵庫《れいぞうこ》だ……
穴《あな》がなくなってる……
ひょこっ
ぺたん…
どうしよう!! 帰《かえ》れなくなっちゃった～
うわ～んっ
あわわわわわわっ
どうしよう!?
ふた
あた

す。でも、地上《ちじょう》では空気《くうき》が邪魔《じゃま》をするので、ハンマーのほうが早《はや》く落《お》ちます。では、空気《くうき》がない場合《ばあい》はどうなるでしょう? アポロ15号《ごう》の乗組員《のりくみいん》が、月面《げつめん》で実験《じっけん》をしたところ、ハンマーと羽《はね》は見事《みごと》に同《おな》じスピードで落下《らっか》しました。

さて、もしリコが落《お》ちた穴《あな》が地球《ちきゅう》の裏側《うらがわ》までつながっていたらどうなるでしょう?

リコは地球《ちきゅう》の中心《ちゅうしん》までものすごい速《はや》さで落《お》ちていきますが、まん中《なか》をすぎるとだんだん遅《おそ》くなって、裏側《うらがわ》の地面《じめん》に近《ちか》づいたところで止《と》まります。そして、もと来《き》た方向《ほうこう》に落《お》ちはじめます。こうして地球《ちきゅう》の中《なか》を行《い》ったり来《き》たりしながら、空気《くうき》に邪魔《じゃま》をされてしだいにゆっくりとなり、最後《さいご》には地球《ちきゅう》の中心《ちゅうしん》で止《と》まってしまいます。

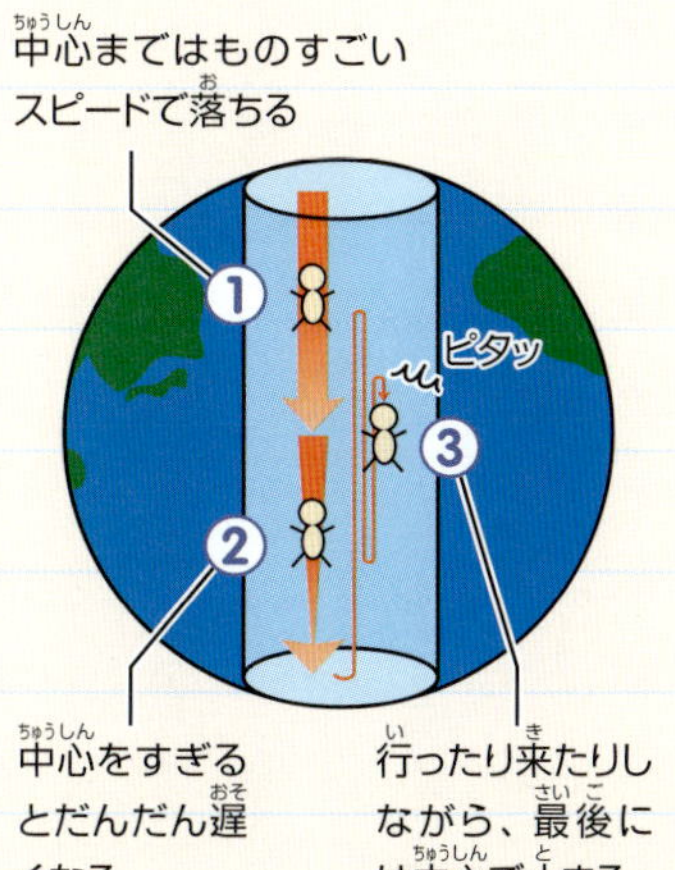
中心《ちゅうしん》まではものすごいスピードで落《お》ちる
1
ピタッ
3
2
中心《ちゅうしん》をすぎるとだんだん遅《おそ》くなる
行《い》ったり来《き》たりしながら、最後《さいご》には中心《ちゅうしん》で止《と》まる

うひょポイントのかいせつ

うひょ5 なんで熱中症《ねっちゅうしょう》になるの？

私たち人間《にんげん》は、恒温動物《こうおんどうぶつ》といって体温《たいおん》を一《いっ》定《てい》に保《たも》つことができる機能《きのう》を持《も》っています。この機能《きのう》は、脊椎動物《せきついどうぶつ》の中《なか》でも鳥類《ちょうるい》とほ乳《にゅう》類《るい》だけが持《も》つ能力《のうりょく》で、その他《ほか》の生物《せいぶつ》は気温《きおん》や水温《すいおん》など環境《かんきょう》の温度変化《おんどへんか》によって体温《たいおん》が変《か》わります。人間《にんげん》の体温《たいおん》は、36～37℃くらいで、どんなに暑《あつ》くても寒《さむ》くても、一日《いちにち》の変《へん》化《か》は1℃ほどしかありません。それは、熱《ねつ》を作《つく》る働《はたら》き（熱産生《ねつさんせい》）と熱《ねつ》を外《そと》に逃《に》がす働《はたら》き（放熱《ほうねつ》）がバランスよく機能《きのう》しているからです。体温《たいおん》の調節《ちょうせつ》は脳《のう》の視床下部《ししょうかぶ》というところで行《おこな》われています。

【熱失神《ねっしっしん》】激《はげ》しい運動《うんどう》をしたり、あまりに暑《あつ》いところにいたりすると体温《たいおん》が上《あ》がります。すると、体《からだ》の表面《ひょうめん》にたくさん血液《けつえき》を流《なが》すことで熱《ねつ》を逃《に》がそうとします。そのために一《いち》時的《じてき》に脳《のう》に血液《けつえき》が不足《ふそく》して、めまいや立《た》ちくらみを起《お》こして倒《たお》れることもあります。

【熱疲労《ねつひろう》】人間《にんげん》の体《からだ》には汗《あせ》をかいて熱《ねつ》を逃《に》がそうとする働《はたら》きがあります。汗《あせ》がかわくときにまわりの熱《ねつ》を奪《うば》うからです（気化《きか》熱《ねつ》）。体《からだ》の水分《すいぶん》が失《うしな》われるので、十分《じゅうぶん》な水分《すいぶん》補給《ほきゅう》をしないと脱水状態《だっすいじょうたい》になり、頭痛《ずつう》やお

う吐《と》などの症状《しょうじょう》が出《で》ます。

【熱《ねつ》けいれん】汗《あせ》をかくと、体《からだ》に必要《ひつよう》なミネラルが失《うしな》われます。ミネラルは筋肉《きんにく》の収縮《しゅうしゅく》にもかかわるので、補充《ほじゅう》しないと筋肉《きんにく》のけいれん(手足《てあし》がつるなど)を起《お》こしてしまいます。

【熱射病《ねっしゃびょう》】このような症状《しょうじょう》が進《すす》むと、体温《たいおん》の調整《ちょうせい》ができずに体温《たいおん》が上《あ》がりすぎて脳《のう》に影響《えいきょう》が出《で》たり、意識《いしき》を失《うしな》ったりして非常《ひじょう》に危険《きけん》な状態《じょうたい》になります。それが熱射病《ねっしゃびょう》です。

人間《にんげん》は汗《あせ》をかくことで体温《たいおん》の調節《ちょうせつ》をしていますが、多《おお》くの動物《どうぶつ》は汗《あせ》をあまりかきません。犬《いぬ》は舌《した》を出《だ》して呼吸《こきゅう》することで体温《たいおん》を調節《ちょうせつ》していますし、ウサギは大《おお》きな耳《みみ》で放熱《ほうねつ》しています。いろいろな動物《どうぶつ》の体温調節《たいおんちょうせつ》の作戦《さくせん》があるのです。

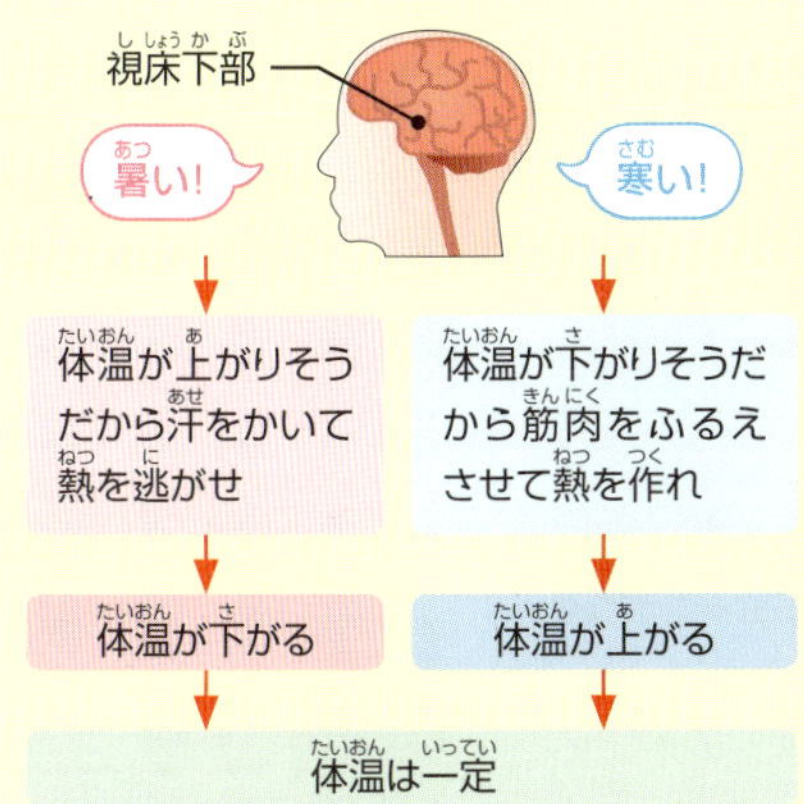

迷子《まいご》のリコを元《もと》の世界《せかい》に帰《かえ》すための実験《じっけん》　その①

塩《しお》と氷《こおり》でシャーベット

ジュースがこおって、シャーベットに変身《へんしん》！

つかうもの

- 牛乳《ぎゅうにゅう》パック（氷《こおり》づくり用《よう》）
- 水《みず》
- 軍手《ぐんて》
- ボウル（大《だい》）
- ボウル（小《しょう》）（ガラスか金属製《きんぞくせい》）
- ジュース
- 食塩《しょくえん》（約500g）
- 大《おお》き目《め》のスプーンやお玉《たま》
- トンカチ

1 氷《こおり》を細《こま》かくくだく

牛乳《ぎゅうにゅう》パックに 2/3 ほど水《みず》を入《い》れ、氷《こおり》をつくる。牛乳《ぎゅうにゅう》パックをトンカチでたたいて、氷《こおり》を細《こま》かくする。

2 氷水《こおりみず》をつくる

ボウル（大《だい》）に、くだいた氷《こおり》（市販《しはん》の氷《こおり》でもOK）を8分目《ぶんめ》まで入《い》れる。氷《こおり》がひたるくらいの水《みず》をそそぐ。

3 食塩《しょくえん》を入《い》れる

氷水《こおりみず》がかくれるくらいの食塩《しょくえん》をまんべんなくふりかける。お玉《たま》などでよくかき混《ま》ぜる

4 ボウル（小《しょう》）をのせる

氷水《こおりみず》の上《うえ》に、ボウル（小《しょう》）を置《お》く。金属製《きんぞくせい》のボウルが冷えて、しもがついていることがわかる。

5 ジュースをそそぐ

ボウルの底《そこ》がかくれるくらいのジュースを入《い》れる。

6 かき混《ま》ぜる

ジュースがこおっていくので、よくかき混《ま》ぜる。

コツ　固《かた》まりすぎないように、よくかき混《ま》ぜよう。よく混《ま》ぜて空気《くうき》を入《い》れると、口《くち》あたりのよいシャーベットになるよ。

むずかしさ

★★★　★★　★（★）

かかる時間《じかん》

15～20分

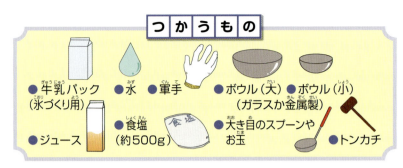

ジュースが、シャーベットになった。

これで元気《げんき》になれるわ!

なんでこうなる?

なぜシャーベットができたの?

0℃より冷《つめ》たくなったからだよ

氷《こおり》はとけるときにまわりの温度《おんど》を下《さ》げる性質《せいしつ》がある。でも、氷水《こおりみず》の氷《こおり》はゆっくりとけるから、シャーベットをつくれるほど冷《つめ》たくならない。食塩《しょくえん》は氷《こおり》を速《はや》くとかすので、氷《こおり》はどんどんとかされて、まわりを冷《ひ》やしていく。だから、氷《こおり》水《みず》は−5℃ぐらいになって、ジュースをシャーベットにすることができたんだ。

塩《しお》と氷《こおり》でシャーベット　応用《おうよう》①

冷《れい》とうドライフラワー

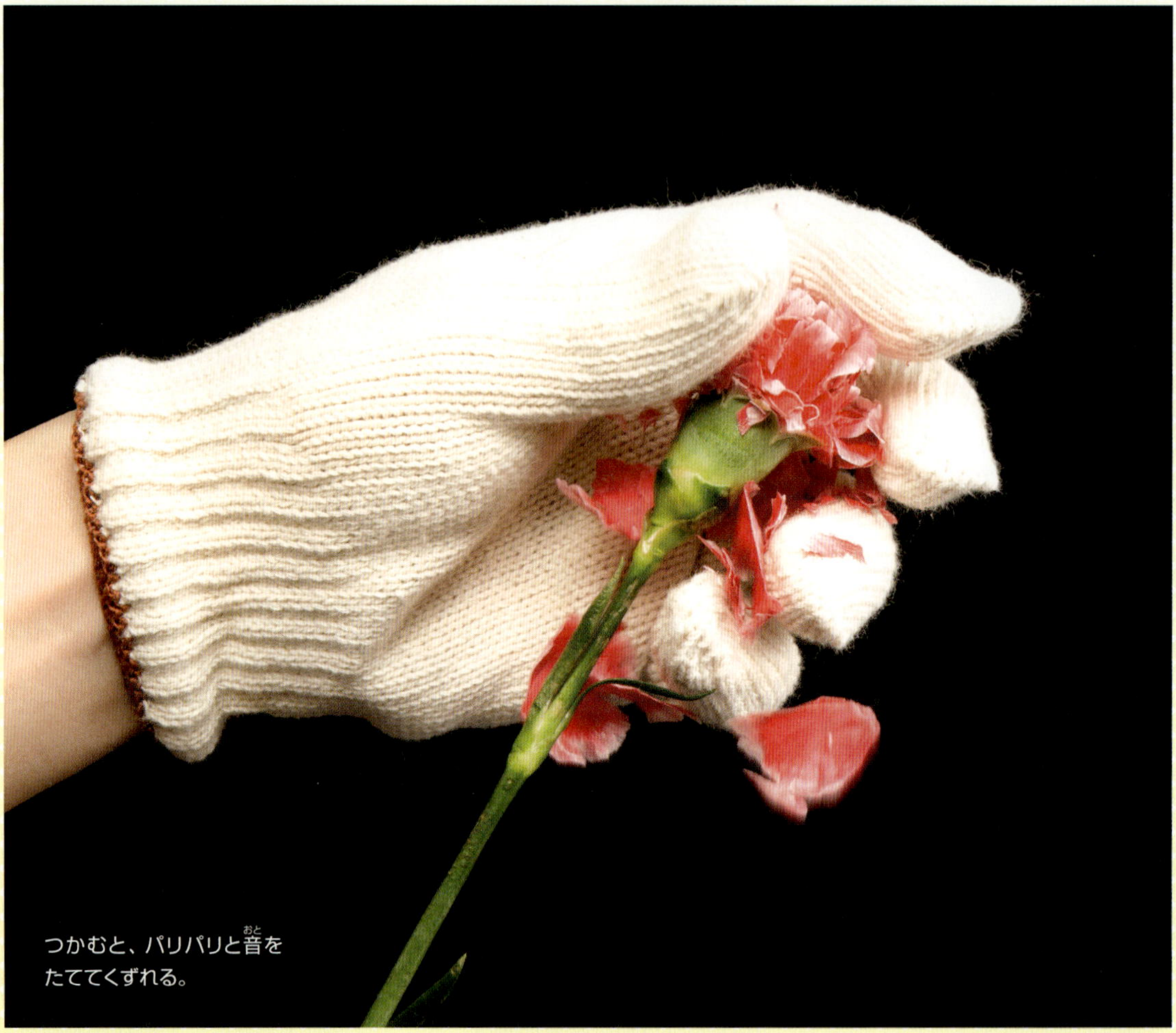

つかむと、パリパリと音《おと》を
たててくずれる。

つかうもの

- 金属製《きんぞくせい》ボウル
- 軍手《ぐんて》
- ドライアイス
- 無水《むすい》エタノール
- 花《はな》

※無水《むすい》エタノールは、水《みず》をふくまないアルコールのこと。薬局《やっきょく》で買《か》えるよ。

やりかた

1 金属製《きんぞくせい》のボウルに細《こま》かくくだいたドライアイスを入《い》れる。必《かなら》ず軍手《ぐんて》をすること。

2 冷蔵庫《れいぞうこ》で冷やした無水《むすい》エタノールを、ドライアイスがかくれるくらい、静《しず》かに加《くわ》える。

注意《ちゅうい》

エタノールは火《ひ》がつきやすいので注意《ちゅうい》。アルコール中毒《ちゅうどく》、二酸化炭素《にさんかたんそ》中毒《ちゅうどく》にならないように風通《かぜとお》しのよい場所《ばしょ》で行《おこな》う。超低温《ちょうていおん》なので必《かなら》ず軍手《ぐんて》をつける。保護者《ほごしゃ》といっしょに行《おこな》うこと。

3 花《はな》を無水《むすすい》エタノールに30秒《びょう》ほどまんべんなくひたす。

先生《せんせい》アドバイス

ドライアイスと無水《むすい》エタノールをつかうと、なんと-72°Cまで冷《ひ》やせる。バナナだってカチカチにこおって、くぎを打《う》つことだってできるんだ。

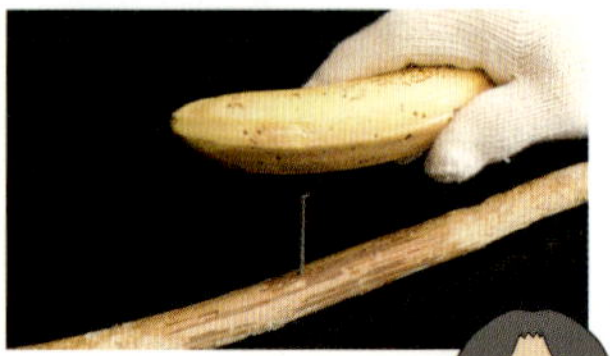

塩《しお》と氷《こおり》でシャーベット　応用《おうよう》②

ドライアイスde《て》アイスクリーム

おいしいアイスクリームの
できあがり。

つかうもの

- 金属製《きんぞくせい》のボウル（大《だい》・小《しょう》）
- 軍手《ぐんて》　● しゃもじ
- 牛乳《ぎゅうにゅう》 200mL
- ホイップクリーム 100mL
- さとう 大《おお》さじ4はい
- ドライアイス　● 無水《むすい》エタノール

やりかた

1. 金属製《きんぞくせい》のボウル（小《しょう》）に牛乳《ぎゅうにゅう》とホイップクリ ーム、さとうを入《い》れて混《ま》ぜる。
2. ボウル（大《だい》）に細《こま》かくくだいたドライアイスを入《い》れ、冷蔵庫《れいぞうこ》で冷《ひ》やした無水《むすい》エタノールを静《しず》かに加《くわ》える。必《かなら》ず軍手《ぐんて》をすること。
3. アイスのボウルをドライアイスで冷《ひ》やしながら、ゆっくりかき混《ま》ぜる。

注意《ちゅうい》

エタノールは火《ひ》がつきやすいので注意《ちゅうい》。アルコール中毒《ちゅうどく》、二酸化炭素中毒《にさんかたんそちゅうどく》にならないように風通《かぜとお》しのよい場所《ばしょ》で行《おこな》う。超低温《ちょうていおん》なので必《かなら》ず軍手《ぐんて》をつける。保護者《ほごしゃ》といっしょに行《おこな》うこと。

先生《せんせい》アドバイス

冷《つめ》たすぎて、ボウルの底《そこ》からすぐにこおってしまう。こおってしまうと混《ま》ぜるのが大変《たいへん》なので、ときどきドライアイスからおろすといいよ。強力《きょうりょく》な冷《つめ》たさだからいいというわけではないんだ。ちょうどよい方法《ほうほう》を選《えら》ぶのも大事《だいじ》だね。

実験《じっけん》で雪《ゆき》エネルギーを集《あつ》めよう

リコを助《たす》けることに決《き》めたダイスケ。でも一人《ひとり》ではできず……。

うひょポイントのかいせつ

うひょ6 トンビがタカを産《う》むってホント!?

「トンビがタカを産《う》む」ということわざがあります。実際《じっさい》には、トンビがタカを産《う》むことはありません。生《い》き物《もの》は、自分《じぶん》と同《おな》じ生《い》き物《もの》を子孫《しそん》として残《のこ》すのです。それは自分《じぶん》と同《おな》じ性質《せいしつ》や形《かたち》を、子《こ》どもへと伝《つた》える仕組《しく》みがあるからです。これを遺伝《いでん》といい、受《う》け継《つ》がれる物質《ぶっしつ》がDNA(デオキシリボ核酸《かくさん》)です。

DNAは、2本《ほん》の長《なが》い糸《いと》が寄《よ》り沿《そ》った、ひものような物質《ぶっしつ》です。それぞれの糸《いと》には、4種類《しゅるい》の塩基《えんき》、アデニン(A)とチミン(T)、グアニン(G)とシトシン(C)が、ペアになって向《む》き合《あ》って並《なら》んでいます。この「塩基《えんき》のペアの並《なら》び」が、遺伝情報《いでんじょうほう》(生命《せいめい》の設計図《せっけいず》)です。親《おや》は、子《こ》どもに同《おな》じ設計図《せっけいず》を渡《わた》します。まず、寄《よ》り沿《そ》っている2本《ほん》の糸《いと》をほどいて1本《ぽん》ずつにします。AとT、GとCの塩基《えんき》は必《かなら》ずペアになるので、それぞれに相手《あいて》を見《み》つけます(図《ず》の赤《あか》い塩基《えんき》)。そうすると、元《もと》とまったく同《おな》じDNAが2組《くみ》できます。子《こ》どもは、こうして複製《ふくせい》された設計図《せっけいず》を受《う》け継《つ》ぎます。トンビの子《こ》はやっぱりトンビなのです。

DNAは、病気《びょうき》の診断《しんだん》や血縁関係《けつえんかんけい》、個人《こじん》の特定《とくてい》など、医療《いりょう》をはじめ多《おお》くの分野《ぶんや》で活用《かつよう》

されています。最近《さいきん》では、生活習慣病《せいかつしゅうかんびょう》のリスクや各分野《かくぶんや》の能力《のうりょく》などを知《し》る手《て》がかりとして遺伝子検査《いでんしけんさ》が行《おこな》われています。ABO式《しき》の血液型《けつえきがた》のように遺伝子《いでんし》で決定《けってい》されるものもありますが（もちろん、血液型《けつえきがた》とその人《ひと》の性格《せいかく》はまったく無関係《むかんけい》です）、多《おお》くは遺伝子《いでんし》よりも環境《かんきょう》に大《おお》きく影響《えいきょう》されます。「遺伝子《いでんし》=遺伝《いでん》」ではありません。現状《げんじょう》では、遺伝子情報《いでんしじょうほう》だけでは、リスクや能力《のうりょく》を推定《すいてい》するにはデータが十分《じゅうぶん》でないものもあります。また遺伝《いでん》情報《じょうほう》は、自分《じぶん》だけのものではなく、親《おや》や子《こ》どもの情報《じょうほう》でもあります。一人《ひとり》ひとりが、慎重《しんちょう》に考《かんが》えることが大切《たいせつ》です。

ところで、リコの妖力《ようりょく》のDNAっていったい何《なん》でしょう。

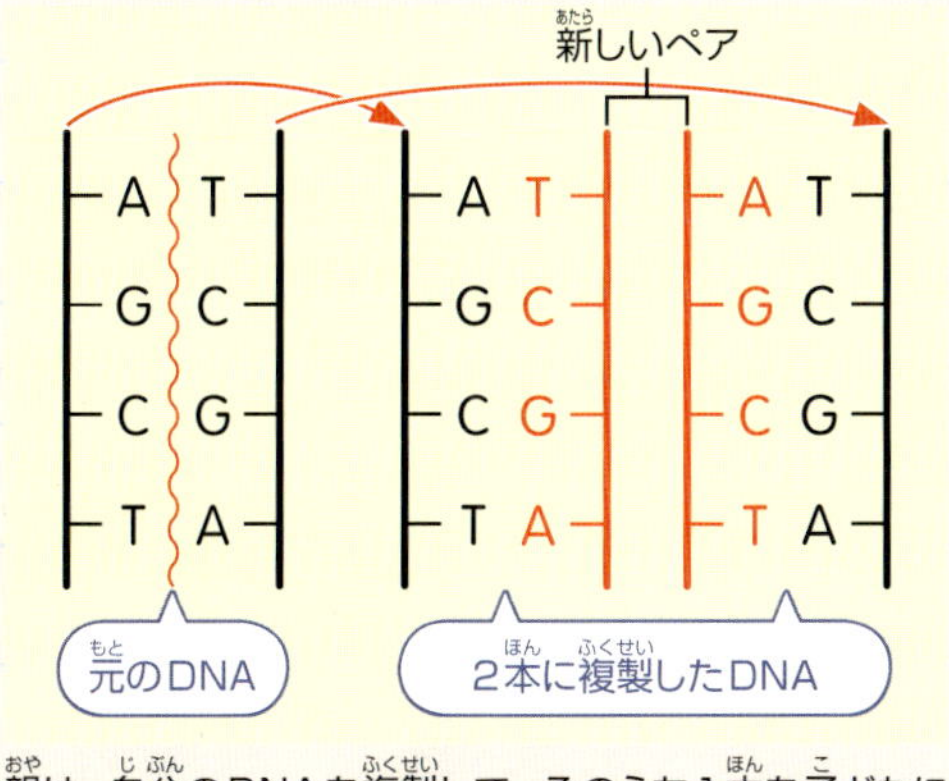

親《おや》は、自分《じぶん》のDNAを複製《ふくせい》して、そのうち1本《ほん》を子《こ》どもに渡《わた》します。

迷子《まいご》のリコを元《もと》の世界《せかい》に帰《かえ》すための実験《じっけん》 その②

光《ひか》るソルトスノー

食塩水《しょくえんすい》と無水《むすい》エタノールで、塩《しお》の雪《ゆき》がふる！

つかうもの

- 2Lのペットボトル
- 背《せ》の高《たか》いガラス容器《ようき》
- LEDライト
- 水《みず》
- 食塩《しょくえん》
- 無水《むすい》エタノール

※無水《むすい》エタノールは、水《みず》をふくまないアルコールのこと。薬局《やっきょく》で買《か》えるよ。

1 ペットボトルに食塩《しょくえん》と水《みず》を入《い》れる

2Lのペットボトルに6分目《ぶんめ》まで水《みず》を入《い》れ、500gくらい（計量《けいりょう》カップで350mL）の食塩《しょくえん》を入《い》れる。

2 ペットボトルをよくふってとかす

よくふって、水《みず》と食塩《しょくえん》を混《ま》ぜ、ほう和《わ》食塩水《しょくえんすい》をつくる。

3 ほう和《わ》食塩水《しょくえんすい》をそそぐ

ほう和《わ》食塩水《しょくえんすい》を6分目《ぶんめ》まで入《い》れる。

4 エタノールをそそぐ

ほう和《わ》食塩水《しょくえんすい》に無水《むすい》エタノールを2～3cmくらいゆっくりそそぐ。

5 食塩《しょくえん》の結《けっ》しょうが出《で》てくる

無水《むすい》エタノールと、ほう和《わ》食塩水《しょくえんすい》のさかい目《め》から、食塩《しょくえん》の結《けっ》しょうが出《で》てくる。

コツ 無水《むすい》エタノールはゆっくり入《い》れよう。

ポイント

全部《ぜんぶ》とけてしまったら、また食塩《しょくえん》を入《い》れる。

よくふって、透明《とうめい》になるまで時間《じかん》をおく。ペットボトルの底《そこ》に少《すこ》し食塩《しょくえん》が残《のこ》ったら、ほう和《わ》食塩水《しょくえんすい》のできあがり!

むずかしさ

★★★ ★★ ★

かかる時間《じかん》

10分

LEDライトをあてるとこんなふうにきれいに見《み》える。

雪《ゆき》みたいに
ふってきた!

なんでこうなる?

コップの中《なか》の雪《ゆき》の正体《しょうたい》はなんなの?

水《みず》にとけていた食塩《しょくえん》なんだ。

水《みず》は、食塩《しょくえん》をとかしているよりも、エタノールととけあおうとする力のほうが強《つよ》いんだ。だから、ほう和食塩水《わしょくえんすい》に無水《むすい》エタノールをそそぐと、水《みず》はどんどんエタノールととけあっていく。すると、水《みず》にとけていた食塩《しょくえん》は、いばしょがなくなって、結《けっ》しょうになって出《て》てくる。このような現象《げんしょう》を「再結《さいけっ》しょう化《か》」っていうんだよ。

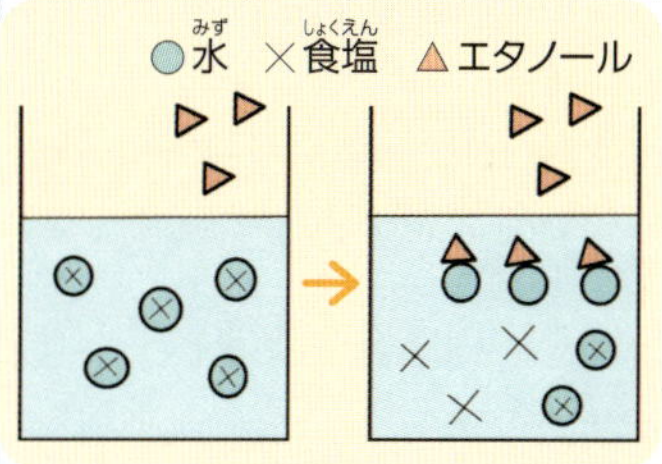
○水《みず》
×食塩《しょくえん》
△エタノール

光《ひか》るソルトスノー　応用《おうよう》①

ミョウバン宝石《ほうせき》

モールにミョウバンの結《けっ》しょうがついた。

つかうもの

●色《いろ》つきモール　●エナメル線《せん》か、つり糸《いと》　●割《わ》りばし　●プラスチックのコップ（大《だい》）　●なべ　●水《みず》400mL　●焼《や》きミョウバン 100g（4こ分《ぶん》）

※焼《や》きミョウバンはスーパーで買《か》えるよ。

やりかた

1. モールを曲《ま》げて、星《ほし》やハートなど好《す》きな形《かたち》をつくる。
2. エナメル線《せん》で割《わ》りばしにつるして、プラスチックのコップ（大《だい》）のまん中《なか》になるように調節《ちょうせつ》する。
3. なべに水《みず》と焼《や》きミョウバンを入《い》れて約《やく》70℃であたためる。
4. 焼《や》きミョウバンがとけて透明《とうめい》になったら、コップにそそぐ。
5. モールをミョウバン液《えき》に1回《かい》ひたし、ドライヤーでかわかす。
6. かわいたら、もう一度《いちど》ミョウバン液《えき》に入《い》れて結《けっ》しょうができるのを待《ま》つ。

先生《せんせい》アドバイス

ミョウバンはあたたかい水《みず》にはたくさんとけるけど、冷《つめ》たい水《みず》にはあまりとけない。だから、あたためながらミョウバンをできるだけたくさんとかした液《えき》が冷《さ》めると、とけていられなくなった結《けっ》しょうが出《で》てきてモールにくっつくんだ。だんだんと結《けっ》しょうがつくので、ちょうどいいところで取《と》り出《だ》そう。

光《ひか》るソルトスノー　応用《おうよう》❷

尿素《にょうそ》の結《けっ》しょうでさく花《はな》

キレイな結《けっ》しょうができた。

つかうもの

- ガラスビンなど(300mLくらい)
- プリンのカップなど (4こ)
- ペーパーフィルター
- 直径《ちょっけい》20cmくらいの皿《さら》(紙《かみ》でもよい)
- なべ
- 尿素《にょうそ》 100g
- 水《みず》 100mL
- 洗《せん》たくのり (PVA)
- 中性洗《ちゅうせいせん》ざい
- 食紅《しょくべに》

やりかた

1. 尿素《にょうそ》100gと水《みず》100mLをガラスビンに入《い》れる。

ポイント

尿素《にょうそ》が水《みず》にとけると冷《つめ》たくなるよ!

2. ガラスビンをなべで湯《ゆ》せんして尿《にょう》素《そ》をとかす。
3. 尿素《にょうそ》が完全《かんぜん》にとけたら、カップに4等分《とうぶん》する。
4. それぞれに、洗《せん》たくのり(PVA)を小《こ》さじ2はい (2mL)、中性洗《ちゅうせいせん》ざいを1てき加《くわ》える。
5. コーヒーフィルターを広《ひろ》げて入《い》れ、皿《さら》の上《うえ》に置《お》く。

ポイント

色《いろ》は、尿素液《にょうそえき》に食紅《しょくべに》で色《いろ》をつけるか、ペーパーフィルターにサインペンで色《いろ》をぬる。

先生《せんせい》アドバイス

この実験《じっけん》のポイントは洗《せん》たくのり（PVA）と中性洗《ちゅうせいせん》ざいの量《りょう》だ。ちょっとした量《りょう》のちがいで結《けっ》しょうのできかたが変《か》わるんだ。うまくいくと、ほんの数時間《すうじかん》のうちに大《おお》きな結《けっ》しょうに成長《せいちょう》するよ。

ふるさとの景色《けしき》を再現《さいげん》しよう

エネルギーが足《た》りずさみしがるリコ。ダイスケは宝物《たからもの》を思《おも》い出《だ》す……。

うひょポイントのかいせつ

うひょ 7 リコとおにいちゃんが似《に》てないわけ

リコとおにいちゃんほどではありませんが、同《おな》じ親《おや》から産《う》まれた兄弟姉妹《きょうだいしまい》でも、顔《かお》や性格《せいかく》はそれぞれ違《ちが》います。

生《い》き物《もの》の増《ふ》え方《かた》には、大《おお》きく2つの方法《ほうほう》があります。1つは無性生殖《むせいせいしょく》というやり方《かた》で雄《おす》と雌《めす》は必要《ひつよう》ありません。自分《じぶん》が分裂《ぶんれつ》などで2つになります。相手《あいて》がいなくてすむので、便利《べんり》といえば便利《べんり》ですが、困《こま》ったことがあります。生《い》き物《もの》は、遺伝子《いでんし》という自分《じぶん》の設計《せっけい》図《ず》を持《も》っていますが、自分《じぶん》をコピーしているだけなので、どんなにたくさんに増《ふ》えてもみんな同《おな》じです。強《つよ》いところも弱《よわ》いところもみんな一緒《いっしょ》なので、たった1つの原因《げんいん》で全滅《ぜんめつ》してしまうかもしれません。

雄《おす》と雌《めす》（両親《りょうしん》）がいて子孫《しそん》を残《のこ》すやり方《かた》を、有性生殖《ゆうせいせいしょく》といいます。遺伝情報《いでんじょうほう》は、染色体《せんしょくたい》という形《かたち》で親《おや》から受《う》け継《つ》がれます。私《わたし》たちは、両親《りょうしん》からもらった同《おな》じ形《かたち》の染色体《せんしょくたい》をペアで持《も》っているのです。自分《じぶん》の子《こ》には、ペアの染色体《せんしょくたい》のうち1本《ぽん》を渡《わた》します。子《こ》どもは両親《りょうしん》から1本《ぽん》ずつもらうので、また、2本《ほん》になります。さて、親《おや》は2本《ほん》のうちどちらかを子《こ》ども渡《わた》すので、渡《わた》し方《かた》は2通《とお》りあります。

染色体《せんしょくたい》は23ペアありますから、渡《わた》し方《かた》は2を23回《かい》かけた数《かず》、約《やく》８４０万通《まんとお》りにもなります。両親《りょうしん》のそれぞれが、８４０万通《まんとお》りずつですから、子《こ》どもが受《う》け取《と》る染色体《せんしょくたい》の組《く》み合《あ》わせは８４０万《まん》×８４０万《まん》で約《やく》70兆《ちょう》です！

実際《じっさい》には、ペアの染色体《せんしょくたい》を分《わ》けるときに、一部《いちぶ》がはがれるように入《い》れ代《か》わるので、組《く》み合《あ》わせは無限《むげん》になります。これが、同《おな》じ親《おや》から同《おな》じ姿形《すがたかたち》の子《こ》どもが産《う》まれない理由《りゆう》です。

私《わたし》たちは、みんな少《すこ》しずつ違《ちが》うのです。一人《ひとり》の弱点《じゃくてん》は、みんなの弱点《じゃくてん》ではありません。それぞれが違《ちが》う（みんなと同《おな》じではない）ということは、生物《せいぶつ》が生《い》き残《のこ》っていく上《うえ》でとても大事《だいじ》な戦略《せんりゃく》なのです。

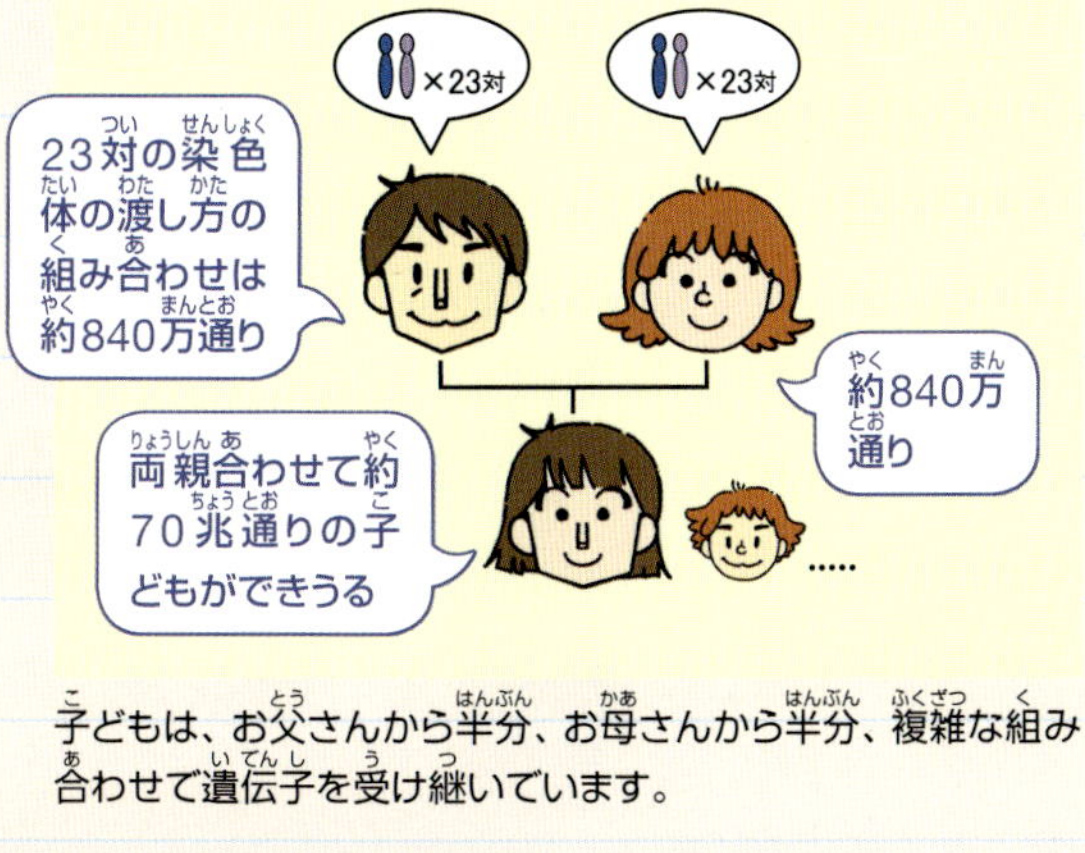

子《こ》どもは、お父《とう》さんから半分《はんぶん》、お母《かあ》さんから半分《はんぶん》、複雑《ふくざつ》な組《く》み合《あ》わせで遺伝子《いでんし》を受《う》け継《つ》いでいます。

迷子《まいご》のリコを元《もと》の世界《せかい》に帰《かえ》すための実験《じっけん》 その③

アルギン酸《さん》スノードーム

アルギン酸《さん》ビーズで、スノードームをつくろう！

むずかしさ

★★★ ★★ ★

かかる時間《じかん》

45分

つかうもの

● ジャムビン

● ボンド
(しゅんかん接着《せっちゃく》ざいはNG)

● フィギュア

● 500mL
ペットボトル 2本《ほん》

● 紙《かみ》(じょうご用《よう》)

● 絵《え》の具《ぐ》
(水彩《すいさい》、アクリル、ポスターカラーなど)

● コップ 2こ

● スポイト

● 水《みず》

● 塩化《えんか》カルシウム

● アルギン酸《さん》ナトリウム

※アルギン酸《さん》ナトリウムや塩化《えんか》カルシウムは、ネット通販《つうはん》で買《か》える。

1 ビンのフタにフィギュアをつける

ボンドがよくかわくように、前《まえ》の日《ひ》にはつくっておこう。

ビンはよく洗《あら》ってかわかしておく。フタの内側《うちがわ》に、ペットボトルのフタをボンドでつける。この上《うえ》にフィギュアをつける。

2 塩化《えんか》カルシウム溶液《ようえき》をつくる

500mLのペットボトルいっぱいに水《みず》を入《い》れる。じょうご(紙《かみ》をまるめたものでよい)で塩化《えんか》カルシウムを小《こ》さじ1ぱい入《い》れてとかす。

3 別《べつ》のペットボトルに水《みず》を入《い》れる

別《べつ》のペットボトルに水《みず》を200mL入《い》れる。

4 アルギン酸《さん》ナトリウムを入《い》れる

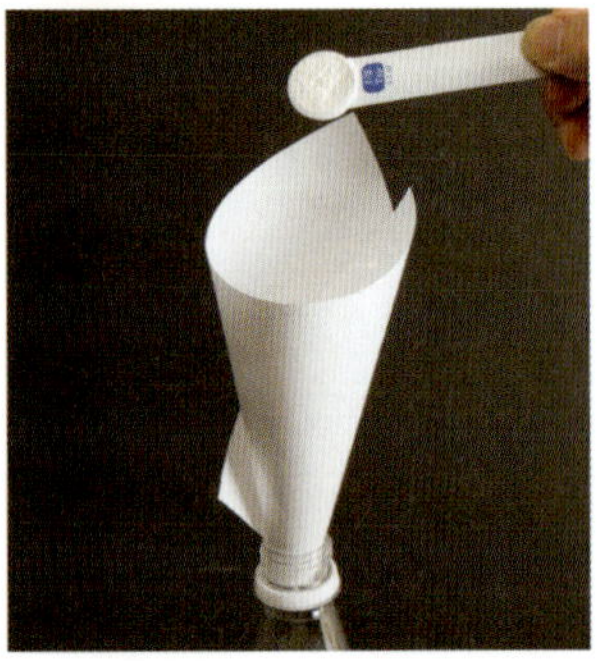

③の中《なか》にアルギン酸《さん》ナトリウムを小《こ》さじ1ぱい入《い》れる。

5 アルギン酸《さん》ナトリウム溶液《ようえき》

よくふって、アルギン酸《さん》ナトリウム溶液《ようえき》をつくる。とけにくいので、よくふること。

6 色《いろ》をつける

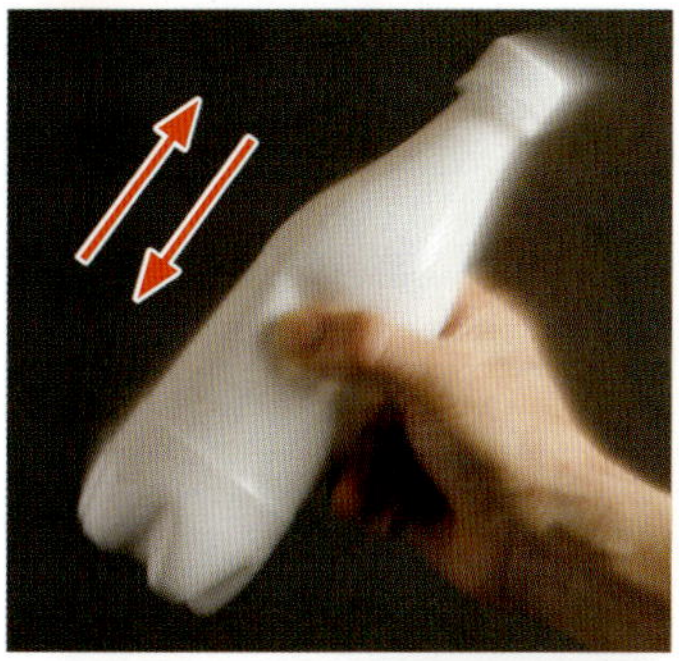

アルギン酸《さん》ナトリウム水《すい》に、絵《え》の具《ぐ》を入《い》れるチューブから2～3cmくらい。シェイクして、よく混《ま》ぜ合《あ》わせる。

ポイント

のめません
アルギン酸ナトリウム
のめません
塩化カルシウム

ラベルをつける

中身《なかみ》がわかるようにビニールテープでラベルをつくり、はる。まちがって飲《の》まないように、要注意《ようちゅうい》!

7 コップにうつす

のめません
アルギン酸ナトリウム
のめません
塩化カルシウム

コップに、塩化《えんか》カルシウム溶液《ようえき》を7分《ぶん》目《め》くらい入《い》れる。さらに、別《べつ》のコップにアルギン酸《さん》ナトリウム水《すい》を1/4くらい入《い》れる。

8 アルギン酸《さん》ビーズをつくる

塩化《えんか》カルシウム溶《よう》液《えき》の中《なか》に、アルギン酸《さん》ナトリウム溶《よう》液《えき》をスポイトで1てきずつ落《お》とす。つぶ状《じょう》のアルギン酸《さん》ビーズができあがる。

9 ガラスのビンにうつす

ジャムビンに8のアルギン酸《さん》ビーズを塩化《えんか》カルシウム溶液《ようえき》といっしょに入《い》れる。

10 水《みず》を入《い》れる

空気《くうき》が入《はい》らないように、フタぎりぎりまで水《みず》を入《い》れる。1でつくったフィギュアつきのフタをして、きつくしめる。

そうすると…

バケツに入《い》れた水《みず》の中《なか》でフタをすると、空気《くうき》が入《はい》らないわよ!

かわいいスノードームのできあがり。

なんでこうなる?

どうしてビーズができたの?

アルギン酸《さん》ナトリウムは、カルシウムと出《て》あうと固《かた》まっちゃうんだ

アルギン酸《さん》ナトリウムは、コンブなどの海《かい》そうにふくまれる独特《どくとく》のヌルヌル成分《せいぶん》のアルギン酸《さん》からできている。アルギン酸《さん》ナトリウムは水《みず》にとけるけど、カルシウムと出《て》あうといっしゅんでアルギン酸《さん》カルシウムになって、水《みず》にとけなくなるんだ。実験《じっけん》でつくったアルギン酸《さん》カルシウム=丸《まる》い玉《たま》は「アルギン酸《さん》ビーズ」と呼《よ》ばれている。この技術《ぎじゅつ》は、人工《じんこう》イクラなどの食品加工《しょくひんかこう》や科学《かがく》の研究《けんきゅう》などに広《ひろ》く活用《かつよう》されているんだ。

いろんなスノードームをつくってみよう

アイデア次第《しだい》で、ステキなスノードームができるんだ。お友《とも》だちや家族《かぞく》へのプレゼントにもピッタリだね。

→ あひるスノードーム

ビンの底《そこ》にあひるをつけている。あひるの色《いろ》に合《あ》わせて、黄色《きいろ》のビーズがかわいいね。

↑ フラワースノードーム

ビンのフタに、花《はな》をつけた。カーネーションに合《あ》うよう、選《えら》んだのはピンクのビーズ。本《ほん》物《もの》の花《はな》だけど、1週間《しゅうかん》くらいはもつよ。

← カクレクマノミスノードーム

熱帯魚《ねったいぎょ》のスノードーム。ぷかぷかうかぶカクレクマノミのフィギュアがかわいいね。

↑ 飛行機《ひこうき》スノードーム

飛行機《ひこうき》のフィギュアでつくった。雲《くも》をつきぬけていく飛行《ひこう》機《き》みたいでカッコイイね。

塩化《えんか》カルシウム溶液《ようえき》がよごれてきたら取《と》りかえよう。代《か》わりに入《い》れるのは水《みず》でOKだよ。

本物《ほんもの》の氷《こおり》をつくってみよう

おにいちゃんの助言《じょげん》で氷《こおり》がカギと知《し》るダイスケ。頼《たよ》りの綱《つな》は先生《せんせい》で……。

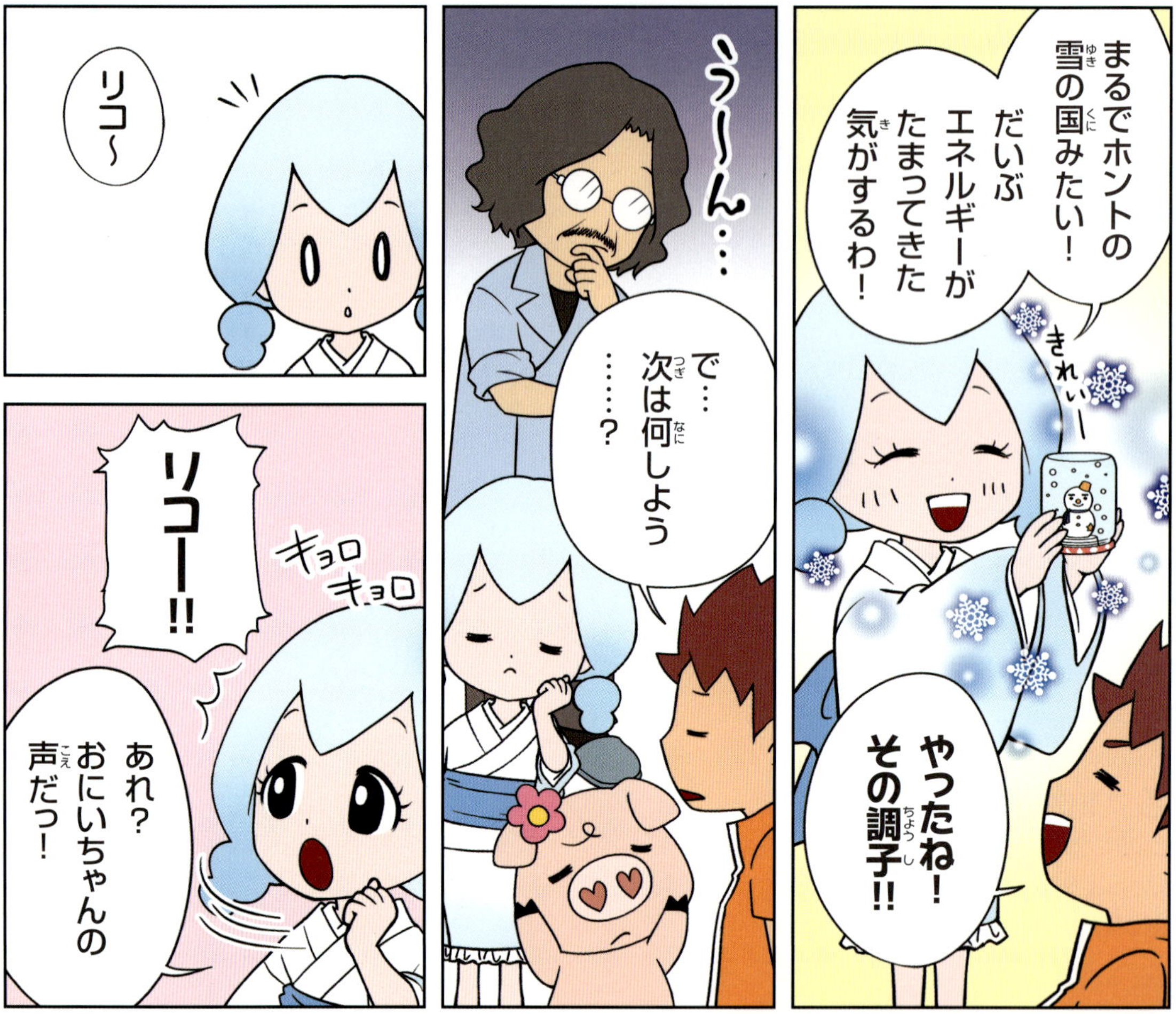

うひょポイントのかいせつ

うひょ 8 どうして氷柱《つらら》ができるの？

冬《ふゆ》、雪国《ゆきぐに》の家《いえ》の、軒先《のきさき》から下《さ》がる氷柱《つらら》。ときには数《すう》メートルになることもあります。木々《きぎ》の枝《えだ》から下《さ》がることもありますし、滝《たき》全体《ぜんたい》が氷柱《つらら》で覆《おお》われてしまうことさえあります。氷柱《つらら》はどうしてできるのでしょうか。

屋根《やね》に積《つ》もった雪《ゆき》は、少《すこ》しずつ溶《と》けて、屋《や》根《ね》の端《はし》（軒《のき》）からポタポタと雫《しずく》になって落《お》ちます。気温《きおん》が氷点下《ひょうてんか》（0℃以下《いか》）になると、軒《のき》のふちの部分《ぶぶん》の雫《しずく》がポタッと落《お》ちる前《まえ》に凍《こお》りつきます（図《ず》①）。

この小《ちい》さな氷柱《つらら》を伝《つた》って流《なが》れる雫《しずく》が、また、落《お》ちる前《まえ》に凍《こお》ります。こうして、次々《つぎつぎ》と雫《しずく》が凍《こお》って、少《すこ》しずつ氷柱《つらら》は成長《せいちょう》していくのです。氷柱《つらら》を伝《つた》わる水《みず》は、先端《せんたん》まで行《い》きつく間《あいだ》にも凍《こお》っていくので氷柱《つらら》はじょじょに太《ふと》くなっていきます（②）。

このとき、雫《しずく》の流《なが》れる速《はや》さや気温《きおん》、風《かぜ》の強《つよ》さなどで、ちょっとしたデコボコ状《じょう》に凍《こお》ることがあります（③）。すると、出《で》っ張《ぱ》った部分《ぶぶん》にさらに氷《こおり》がついて波打《なみう》った氷柱《つらら》になります。まるで節《ふし》くれ立《だ》った木《き》のようです。

コンクリートにも氷柱《つらら》のようなものができることがあります。エフロレッセンス（白《はっ》

華《か》現象《げんしょう》）という現象《げんしょう》です。雨《あめ》などが染《し》み込《こ》み、その水分《すいぶん》にコンクリートの石灰分《せっかいぶん》などが溶《と》けこみます。この水分《すいぶん》が蒸発《じょうはつ》するときに、溶《と》けていた石灰分《せっかいぶん》などが表面《ひょうめん》で固《かた》まったり、空気中《くうきちゅう》の二酸化炭素《にさんかたんそ》と反応《はんのう》して固《かた》まったりすることで小《ちい》さな石《いし》の突起《とっき》ができるのです。コンクリートの少《すこ》しひび割《わ》れがあるところで、よく見《み》ることができます。

もしかしたら、身《み》のまわりにもあるかもしれませんよ。

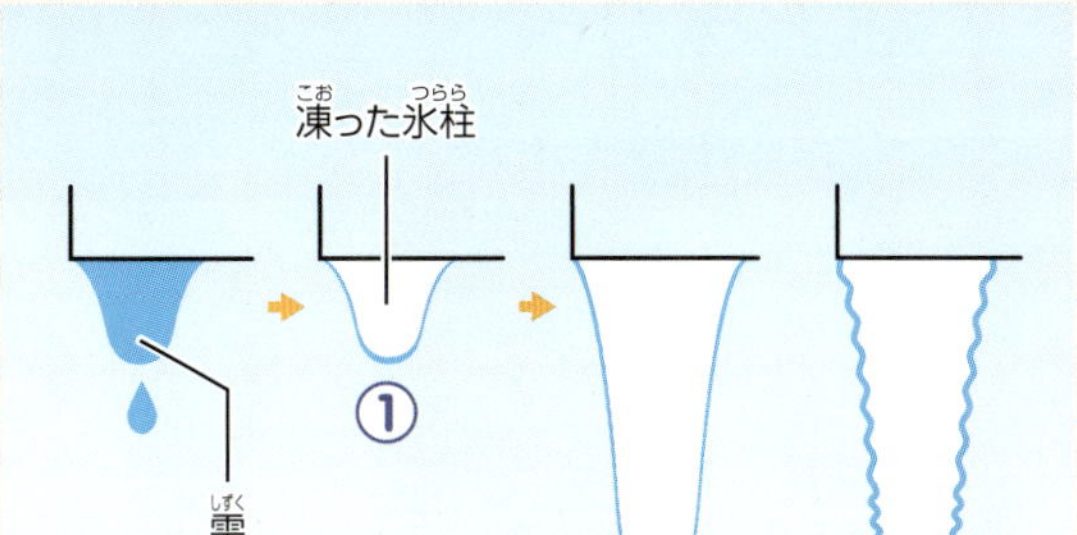

だんだんと雫《しずく》が凍《こお》って、少《すこ》しずつ長《なが》く太《ふと》くなっていきます。

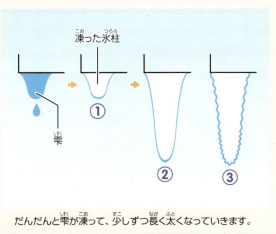

迷子《まいご》のリコを元《もと》の世界《せかい》に帰《かえ》すための実験《じっけん》　その④

ふしぎな逆《ぎゃく》つらら

落《お》ちた水《みず》がいっしゅんでこおる!?

つかうもの

- 牛乳《ぎゅうにゅう》パック（氷《こおり》づくり用《よう》）
- トンカチ
- 小《ちい》さなカップ（おちょこ）
- 食塩《しょくえん》
- バケツ（クーラーボックスでもOK）
- 軍手《ぐんて》
- ビン（ペットボトルでもOK）
- 皿《さら》
- 温度計《おんどけい》
- 水《みず》

1 氷《こおり》を細《こま》かくくだく

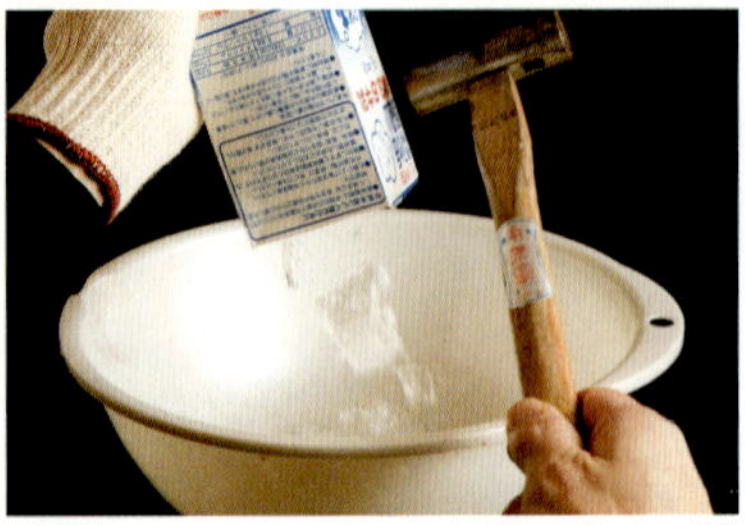

牛乳《ぎゅうにゅう》パックに 2/3 ほど水《みず》を入《い》れ、氷《こおり》をつくる。牛乳《ぎゅうにゅう》パックをトンカチでたたいて、氷《こおり》を細《こま》かくする。

2 氷《こおり》を入《い》れる

バケツやクーラーボックスにたっぷり氷《こおり》を入《い》れる。

3 食塩《しょくえん》と水《みず》を入《い》れる

氷《こおり》が見《み》えなくなるくらいまで食塩《しょくえん》と水《みず》を入《い》れる。

4 クーラーボックスに入《い》れて冷《ひ》やす

ビンに水《みず》を８分《ぶん》目《め》まで入《い》れて、氷《こおり》水《みず》に入《い》れる。静《しず》かに冷《ひ》やす。

5 逆《ぎゃく》つららの台《だい》をつくる

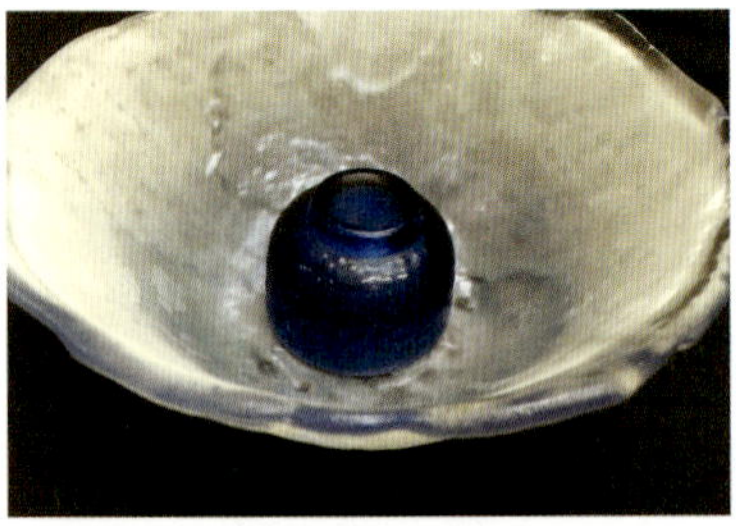

あらかじめ冷《れい》とう庫《こ》で冷《ひ》やしておいた皿《さら》とおちょこを用意《ようい》する。

6 ビンを取《と》り出《だ》す

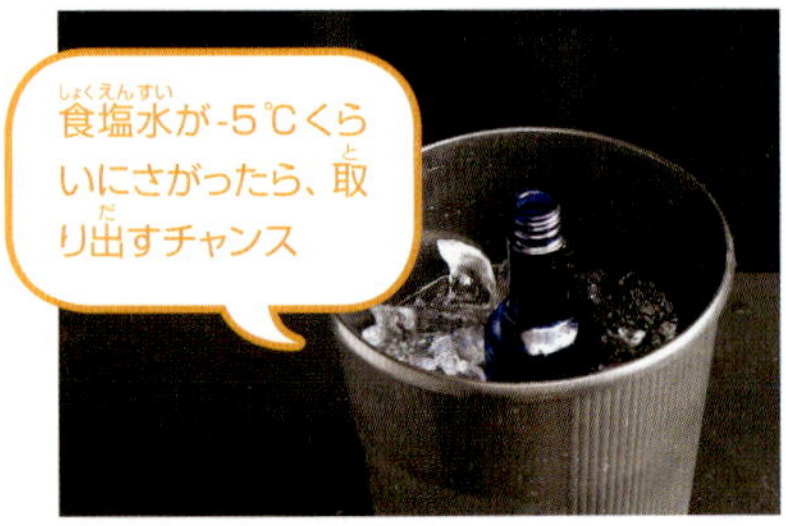
食塩水《しょくえんすい》が-5℃くらいにさがったら、取《と》り出《だ》すチャンス

ビンをそっと取《と》り出《だ》し、カップの底《そこ》に向《む》かってそそぐ。

むずかしさ　★★★　★★　★

かかる時間《じかん》　30～45分

！ 氷《こおり》や食塩《しょくえん》、水《みず》の量《りょう》、冷《ひ》やす時間《じかん》によって、いつも成功《せいこう》するとは限《かぎ》らない実験《じっけん》。いろんな条件《じょうけん》で試《ため》してみよう。成功《せいこう》したときの感動《かんどう》は最高《さいこう》!

そそいだ水がいっしゅんで
こおっていく。

なんでこうなる?

水《みず》が落《お》ちたしゅんかんにこおったのはなぜ?

こおるのを忘《わす》れた水《みず》が、こおるのを思《おも》い出《だ》したんだ

水《みず》は0℃で氷《こおり》になるよね。このように液体《えきたい》が固体《こたい》に変《か》わる温度《おんど》を「ぎょう固点《こてん》」というんだよ。でも、ゆっくり冷《ひ》やしていくと、ぎょう固点《こてん》をすぎてもこおらないことがあるんだ。これを「過冷《かれい》きゃく」というよ。ゆっくり冷《ひ》やすと、こおるきっかけをのがしてしまうんだ。実験《じっけん》の水《みず》は、下《した》に落《お》ちたショックがきっかけで、こおる温度《おんど》なのを思《おも》い出《だ》して、いっしゅんで氷《こおり》になったんだ。

ふしぎな逆《ぎゃく》つらら　応用《おうよう》❶

みるみるこおる水《みず》

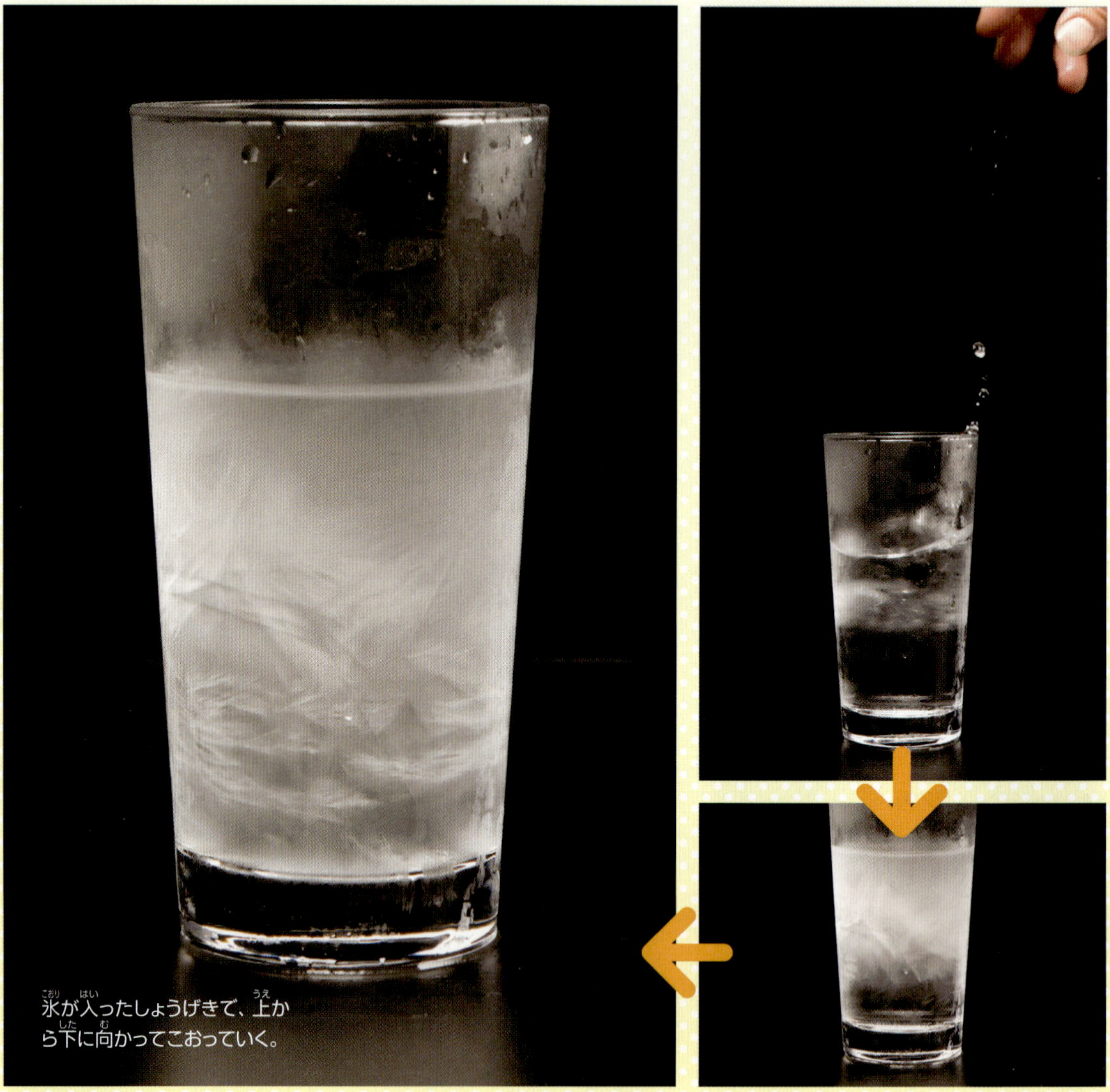

氷《こおり》が入《はい》ったしょうげきで、上《うえ》から下《した》に向《む》かってこおっていく。

つかうもの

- アイスボックスなどの容器《ようき》
- コップ（容器《ようき》に入《はい》るだけ用意《ようい》する）
- 氷《こおり》　●食塩《しょくえん》　●水《みず》　●温度計《おんどけい》

やりかた

1. アイスボックスなどの容器《ようき》にコップの半分《はんぶん》くらいの高《たか》さまで、くだいた氷《こおり》を入《い》れる。
2. 氷《こおり》にまんべんなく食塩《しょくえん》をふりかけ水《みず》を入《い》れる。
3. コップに水《みず》を入《い》れて、氷水《こおりみず》の中《なか》にそっと入《い》れる。

ポイント

氷水《こおりみず》の高《たか》さが、コップの水《みず》の高《たか》さよりも上《うえ》になっていること。

4. 氷水《こおりみず》の温度《おんど》が－5℃まで冷《ひ》えたら、そっと取《と》り出《だ》す。
5. 上《うえ》から小《ちい》さな氷《こおり》を落《お》とす。

先生《せんせい》アドバイス

大《おお》きめの容器《ようき》にコップを何個《なんこ》もセットしよう。他《ほか》はこおっているのに、こおっていないコップがあったら、そのコップはきっとうまくいくよ!

ふしぎな逆《ぎゃく》つらら　応用《おうよう》❷

ゆっくりこおる熱《あつ》い氷《こおり》

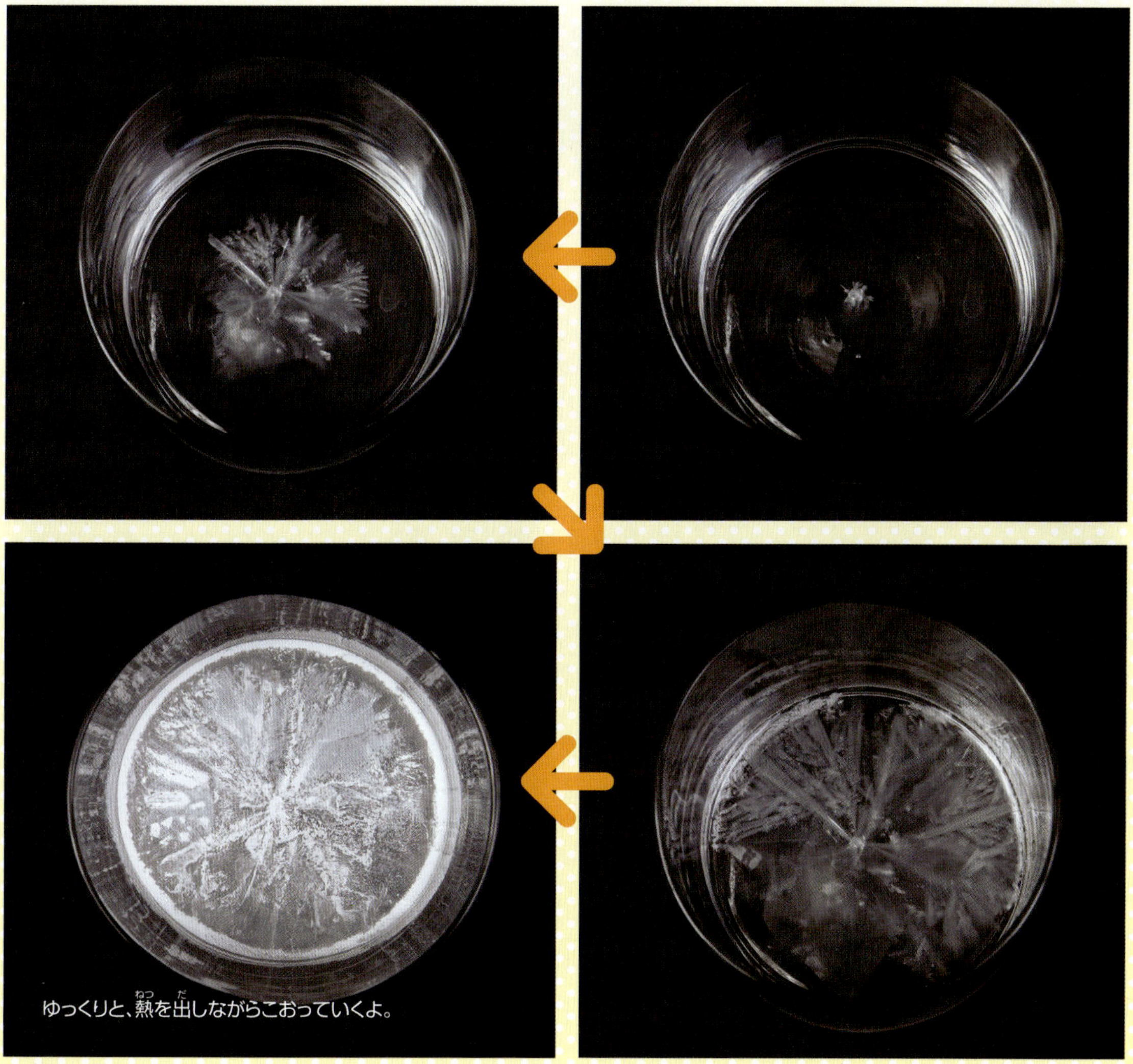

ゆっくりと、熱《ねつ》を出《だ》しながらこおっていくよ。

つかうもの

- 500mL ペットボトル
- なるべく深《ふか》いなべ
- コップやジャムビン
- チオ硫酸《りゅうさん》ナトリウム

※チオ硫酸《りゅうさん》ナトリウムは、水道水《すいどうすい》のカルキぬきをする薬《くすり》（ハイポ）としてペットショップなどで買《か》える。

やりかた

1. チオ硫酸《りゅうさん》ナトリウムの結《けっ》しょうをペットボトルに1/3くらい入《い》れる。
2. ❶をなべで湯《ゆ》せんして、完全《かんぜん》にとかす。

ポイント
ペットボトルのフタはゆるめておく。

3. とけたら取《と》り出《だ》して、ペットボトルをそっと置《お》いて冷《さ》ます。
4. 室温《しつおん》まで冷《さ》めたら、冷蔵庫《れいぞうこ》に静《しず》かに入《い》れる。
5. 十分《じゅうぶん》に冷《さ》めたら、コップやジャムビンにそっと入《い》れる。
6. 上《うえ》からチオ硫酸《りゅうさん》ナトリウムの小《ちい》さな結《けっ》しょうを落《お》とす。

先生《せんせい》アドバイス

水《みず》がこおる温度《おんど》は0℃。チオ硫酸《りゅうさん》ナトリウムがこおる温度《おんど》は約《やく》48℃なんだ。だから、こおりはじめると熱《あつ》くなるんだ。熱《あつ》い氷《こおり》ってふしぎだね。

キレイな氷《こおり》の実験《じっけん》でもう一押《ひとお》し

だいぶ雪《ゆき》エネルギーがたまったリコ。ダイスケは自信満々《じしんまんまん》だが……。

うひょポイントのかいせつ

うひょ9 なぜ夏《なつ》は暑《あつ》く、冬《ふゆ》は寒《さむ》いの?

日本《にっぽん》には春夏秋冬《しゅんかしゅうとう》の四季《しき》があります。夏《なつ》は、暑《あつ》くて日《ひ》は長《なが》く、太陽《たいよう》が高《たか》い位置《いち》からじりじりと照《て》りつけます。冬《ふゆ》は寒《さむ》くて日《ひ》は短《みじか》く、太陽《たいよう》の位置《いち》は低《ひく》く日差《ひざ》しは強《つよ》くありません。春《はる》と秋《あき》はその間《あいだ》です。

地球《ちきゅう》は、北極《ほっきょく》と南極《なんきょく》を結《むす》んだ軸《じく》(地軸《ちじく》)で回転《かいてん》しています。この動《うご》きを自転《じてん》といい、一《いっ》回転《かいてん》が一日《いちにち》です。地球《ちきゅう》は自転《じてん》しながら太陽《たいよう》のまわりをまわっています。これが公転《こうてん》。一周《いっしゅう》が一年《いちねん》になります。このとき、地球《ちきゅう》が地軸《ちじく》を傾《かたむ》けて(約《やく》23・4度)太陽《たいよう》のまわりをまわっているのが、四季《しき》ができる大《おお》きな理由《りゆう》です。

地球《ちきゅう》に太陽《たいよう》の光《ひかり》が当《あ》たるのは、太陽《たいよう》に面《めん》している半分《はんぶん》だけです。夏《なつ》は太陽《たいよう》が当《あ》たる時間《じかん》は長《なが》く、太陽《たいよう》は空《そら》の高《たか》い位置《いち》にあります。冬《ふゆ》は、その反対《はんたい》です。太陽《たいよう》が一番高《いちばんたか》くなるのが6月《がつ》の夏至《げし》、低《ひく》くなるのは12月《がつ》の冬《とう》至《じ》です。でも、一番暑《いちばんあつ》いときや寒《さむ》いときは、夏至《げし》や冬至《とうじ》のころではありません。太陽《たいよう》の高《たか》さと位置《いち》だけで季節《きせつ》が決《き》まるわけではなさそうです。日本《にっぽん》は海《うみ》に囲《かこ》まれた国《くに》です。海《うみ》が気候《きこう》に大《おお》きな影響《えいきょう》を及《およ》ぼしているのです。水《みず》は、あたたまりにくく冷《さ》めにくい性質《せいしつ》

を持《も》っています。海水《かいすい》の温度《おんど》が気候《きこう》に影響《えいきょう》するのは、もう少《すこ》し後《あと》の8月《がつ》や2月頃《がつごろ》になるのです。

季節《きせつ》は、気温《きおん》だけではなく、湿度《しつど》や風向《かざむ》きなどによってできるのです。赤道《せきどう》に近《ちか》づくと、太陽《たいよう》はいつも空高《そらたか》くから照《て》りつけていて、北極《ほっきょく》や南極《なんきょく》では高《たか》く上《あ》がるどころか地面《じめん》から顔《かお》を出《だ》さないことさえあり、四季《しき》はありません。

日本《にっぽん》の四季《しき》の美《うつく》しさは、とても幸運《こううん》な自然現象《しぜんげんしょう》なのですね。

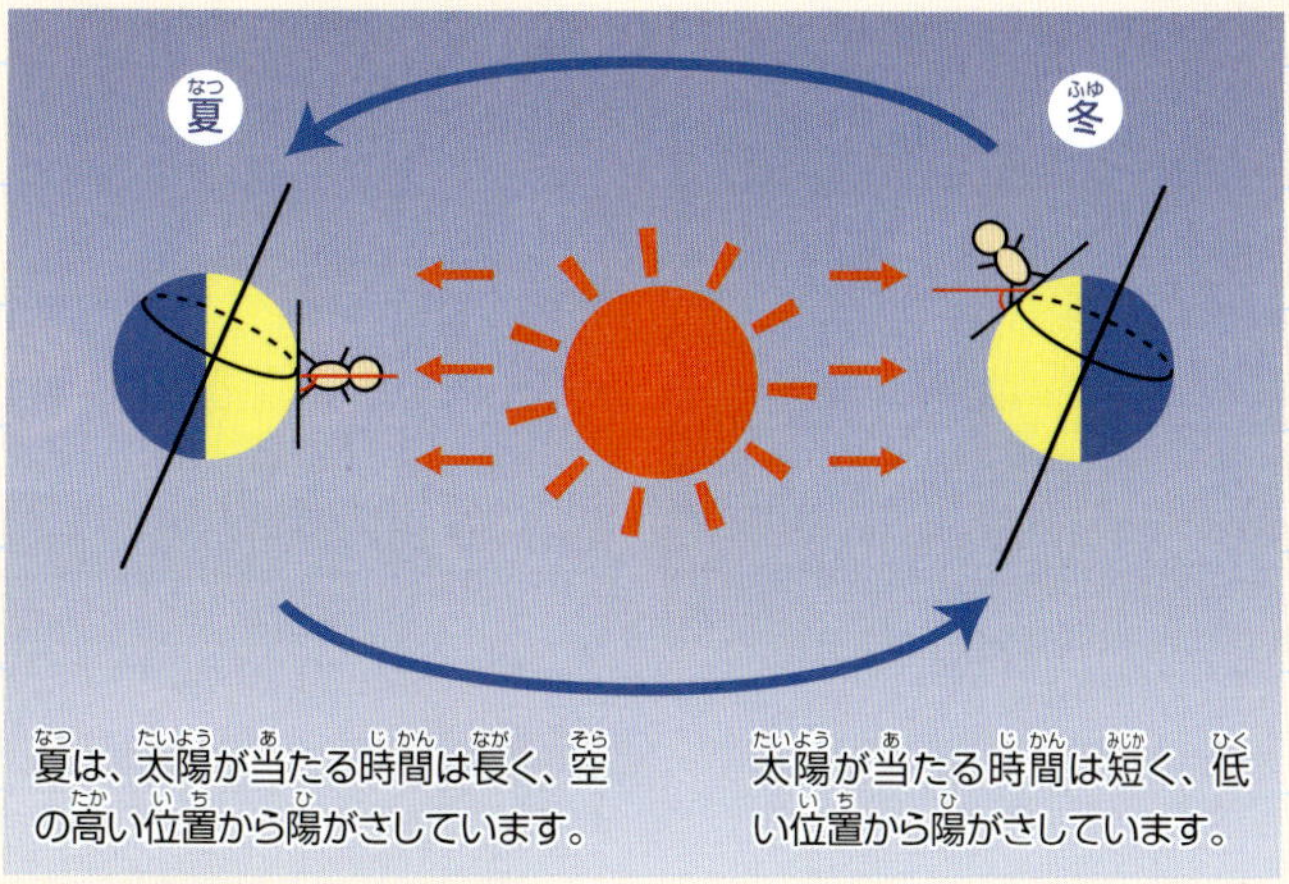

夏《なつ》は、太陽《たいよう》が当《あ》たる時間《じかん》は長《なが》く、空《そら》の高《たか》い位置《いち》から陽《ひ》がさしています。

太陽《たいよう》が当《あ》たる時間《じかん》は短《みじか》く、低《ひく》い位置《いち》から陽《ひ》がさしています。

迷子《まいご》のリコを元《もと》の世界《せかい》に帰《かえ》すための実験《じっけん》 その5

カラーボールin《いん》クリスタル

色《いろ》水《みず》がこおると、色《いろ》がまん中《なか》に集《あつ》まるんだ！

つかうもの

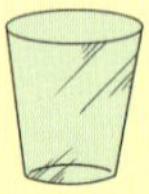

●コップ

●食紅《しょくべに》

●水《みず》

●マドラー

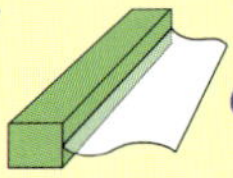

●ラップ

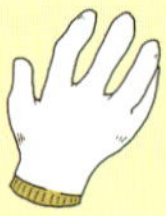

●軍手《ぐんて》
（タオルでもOK《おーけー》）

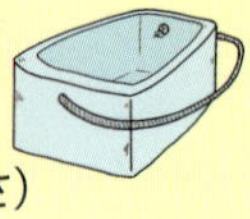

●発《はっ》ぽうスチロールの箱《はこ》
（冷《れい》とう庫《こ》に入《はい》る大《おお》きさ）

1 コップに水《みず》を入《い》れる

コップに水《みず》を半分《はんぶん》くらい入《い》れる。

2 色《いろ》をつける

コップの水《みず》に食紅《しょくべに》を入《い》れ、マドラーでよく混《ま》ぜて色《いろ》をつける。

3 ラップでフタをする

コップに、ラップをかける。

4 軍手《ぐんて》をかぶせる

ゆっくりと冷《ひ》やすため、コップに軍手《ぐんて》をかぶせる。タオルをまいて、ゴムでとめてもOK《おーけー》。

5 発《はっ》ぽうスチロールの箱《はこ》に入《い》れ、冷《れい》とう庫《こ》へ

発《はっ》ぽうスチロールにコップを入《い》れる。フタをして、冷《れい》とう庫《こ》に入《い》れる。

6 丸一日《まるいちにち》、冷《ひ》やす

丸《まる》1日《にち》冷《ひ》やして取《と》り出《だ》す。

むずかしさ

★★★ ★★ ★

かかる時間《じかん》

15分

（冷やす時間24時間）

コツ 色《いろ》はうすめのほうがきれいにできるよ。

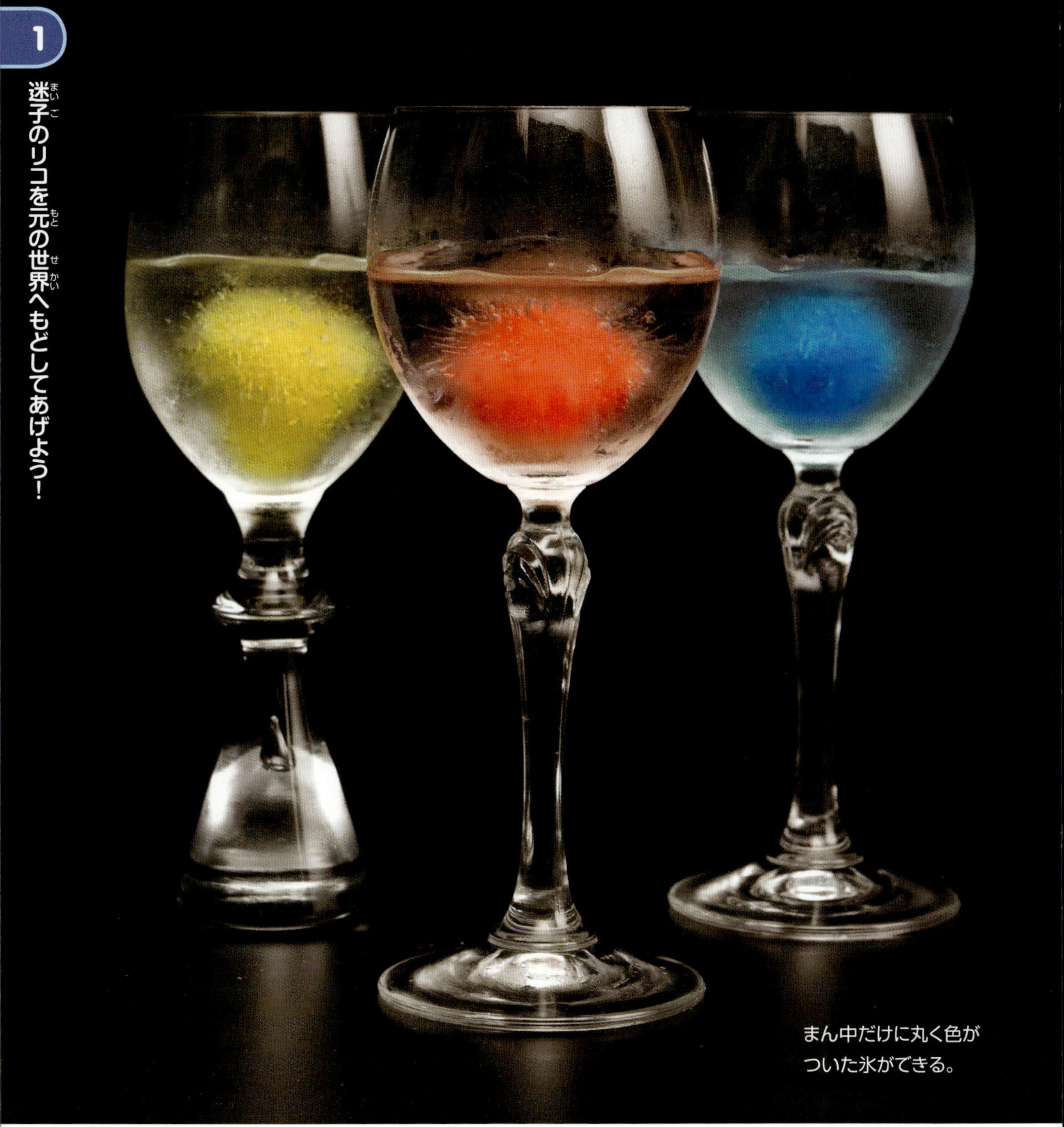

まん中だけに丸く色がついた氷ができる。

なんでこうなる?

色《いろ》がなぜまん中《なか》に集《あつ》まるの?

水《みず》はとけているものを押《お》しのけてこおるからだよ

水《みず》には空気《くうき》やいろいろなものがとけている。この実験《じっけん》では、食紅《しょくべに》もとけている。でも、0℃になってこおるのは、水《みず》だけなんだ。水《みず》はとけていた食紅《しょくべに》や空《くう》気《き》をおしのけながら、外側《そとがわ》からこおっていく。だから、まわりが透明《とうめい》で、まん中《なか》に色《いろ》がついた氷《こおり》ができるんだ。ゆっくり冷《ひ》やすと、よりきれいに氷《こおり》をつくることができるよ。

カラーボールin《いん》クリスタル　応用《おうよう》

氷《こおり》にしずむ重《おも》り

つかうもの

- 氷《こおり》のかたまり
- 金属《きんぞく》の重《おも》り

（こうかを重《かさ》ねてつかってもOK）

やりかた

1. 氷《こおり》のかたまりを固定《こてい》する。

2. 氷《こおり》の上《うえ》に金属《きんぞく》の重《おも》りを乗《の》せる。

先生《せんせい》アドバイス

金属《きんぞく》は熱《ねつ》をよく伝《つた》えるので、氷《こおり》がとけたんだ。また、氷《こおり》は力《ちから》がくわわることでとける性質《せいしつ》があるので、まわりはとけずに重《おも》りがまっすぐしずんでいくんだ。

＼これで夏休《なつやす》みの宿題《しゅくだい》もこわくない!／

自由研究対策室《じゆうけんきゅうたいさくしつ》

透明《とうめい》な氷《こおり》をつくる

むずかしさ ★★☆

きっかけ

お店《みせ》でジュースに入《はい》っている氷《こおり》は透明《とうめい》で、とてもきれいだ。でも、家《いえ》の冷蔵庫《れいぞうこ》でつくる氷《こおり》には、白《しろ》くにごったところがあってすきとおっていない。おなじ氷《こおり》なのに、何《なに》がちがうのだろうかと思《おも》った。そこで、家《いえ》でも透明《とうめい》な氷《こおり》がつくれるか実験《じっけん》することにした。

調《しら》べたことと予想《よそう》

水《みず》には空気《くうき》がふくまれているので、氷《こおり》の白《しろ》いところは空気《くうき》ではないかと考《かんが》えた。また、お店《みせ》でつかわれている氷《こおり》や売《う》っている氷《こおり》は、氷屋《こおりや》さんでつくられていて、不純物《ふじゅんぶつ》をとり除《のぞ》いた水《みず》をゆっくりと冷《ひ》やして氷《こおり》をつくっているということだった。そこで、きれいな水《みず》をゆっくり冷《ひ》やせば、家《いえ》の冷蔵庫《れいぞうこ》でも透明《とうめい》な氷《こおり》ができると考《かんが》えた。

つかうもの

- 水道水《すいどうすい》
  （そのままの水《みず》とくみ置《お》きの水《みず》）
- ミネラルウオーター
- 炭酸水《たんさんすい》
- 紙《かみ》コップ
- ラップ
- ペットボトル
  （1.5Lの丸《まる》いもの）
- 発《はっ》ぽうスチロールの箱《はこ》

【実験《じっけん》❶】どんな水《みず》がきれいにこおるのか

やりかた

1. 水道水《すいどうすい》、1日《にち》くみ置《お》きした水道水《すいどうすい》、ミネラルウォーター、炭酸水《たんさんすい》を紙《かみ》コップに150mLずつ入《い》れ、ラップをして冷《れい》とう庫《こ》に1日《にち》入《い》れた。

左《ひだり》から水道水《すいどうすい》、くみ置《お》きの水《みず》、ミネラルウォーター、炭酸水《たんさんすい》

わかったこと

どの氷《こおり》にも、中《なか》に白《しろ》くにごったところがあった。白《しろ》い部分《ぶぶん》は、くみ置《お》きの水《みず》が一番少《いちばんすく》なく、ミネラルウォーター、水道水《すいどうすい》と多《おお》くなった。炭酸水《たんさんすい》はまっ白《しろ》だった。氷《こおり》の大《おお》きさは、ミネラルウォーターが一番大《いちばんおお》きくて、くみ置《お》きの水《みず》が一番小《いちばんちい》さかった。水《みず》は同《おな》じ量《りょう》だけ入《い》れているので、氷《こおり》の大《おお》きさは中《なか》にできた空気《くうき》や二酸化炭素《にさんかたんそ》のせいだと考《かんが》えた。このことから、1日《にち》くみ置《お》きすると、水《みず》の中《なか》の空気《くうき》が減《へ》って、きれいな氷《こおり》ができやすいことがわかった。

【実験《じっけん》❷】ゆっくり冷《ひ》やすときれいな氷《こおり》になるのか

やりかた

1. 3この紙《かみ》コップに水《みず》（くみ置《お》きの水《みず》）を150mL入《い》れた。
2. こおる速《はや》さを変《か》えるために、1）ラップだけ、2）紙《かみ》コップを2つ重《かさ》ねてラップ、3）2を発《はっ》ぽうスチロールに入《い》れる、の3つの条件《じょうけん》で、冷《れい》とう庫《こ》に1日《にち》入《い》れた。

わかったこと

発《はっ》ぽうスチロールに入《い》れてこおらせた氷《こおり》は、透明《とうめい》の部分《ぶぶん》は一番多《いちばんおお》かったが上《うえ》のほうは白《しろ》くにごっていた。条《じょう》件《けん》を変《か》えて何度実験《なんどじっけん》をしても、家《いえ》の冷蔵庫《れいぞうこ》では全部《ぜんぶ》が透明《とうめい》な氷《こおり》はできなかった。

そこで、大《おお》きな氷《こおり》をつくれば透明《とうめい》な部分《ぶぶん》がたくさん取《と》れると考《かんが》え、大《おお》きなペットボトルを切《き》って、大《おお》きな氷《こおり》をつくった。家《いえ》で氷屋《こおりや》さんのような氷《こおり》をつくることができた。氷屋《こおりや》さんが透明《とうめい》な氷《こおり》をつくるには、すごい技術《ぎじゅつ》や工夫《くふう》がつかわれているのだと思《おも》った。

雪《ゆき》の国《くに》へ帰《かえ》ってもずっと友《とも》だち

ふるさとへの扉《とびら》が開《ひら》いたリコ。帰《かえ》ったあとに残《のこ》ったのは……。

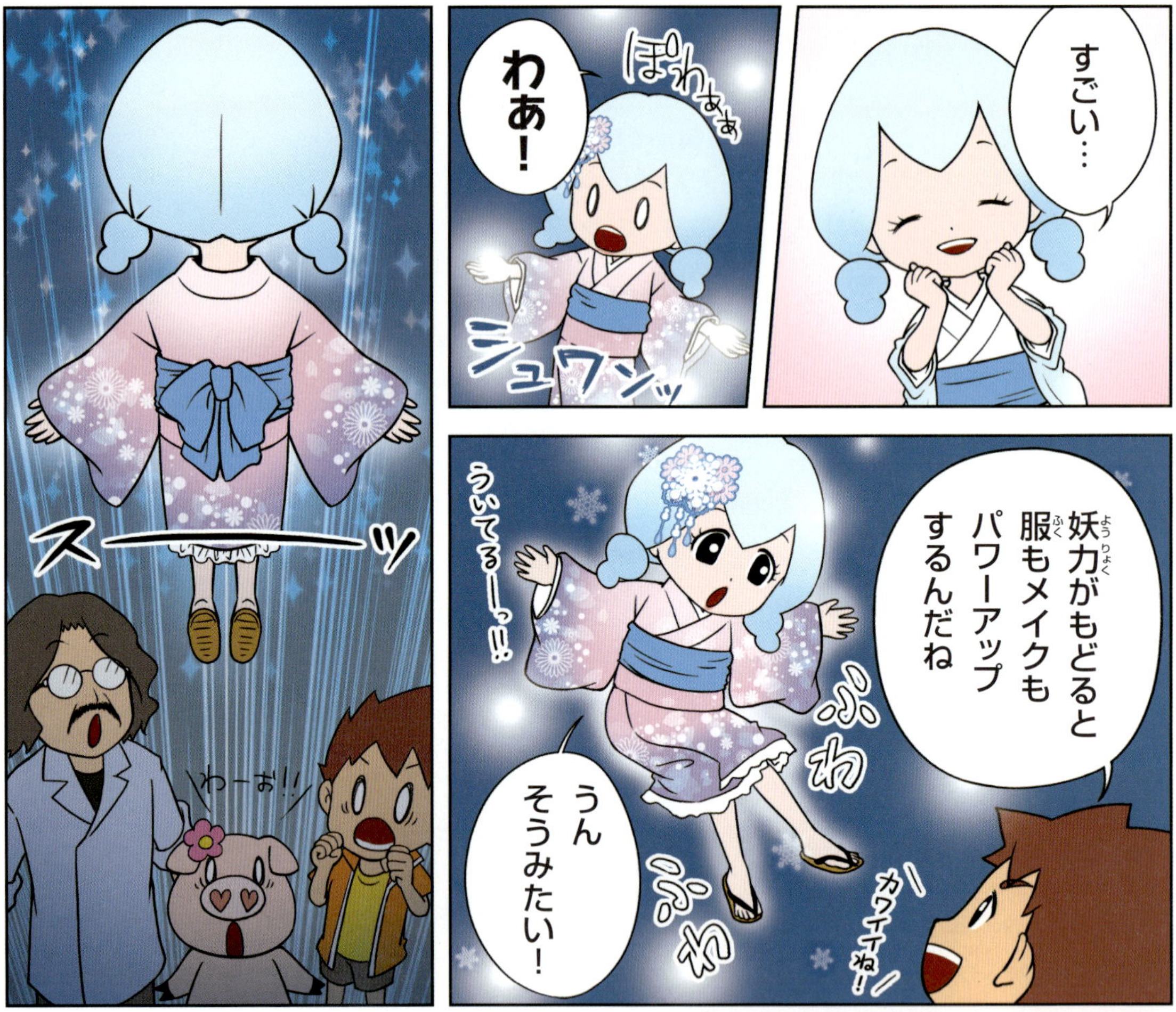

うひょポイントのかいせつ

うひょ10 リコの口紅《くちべに》はなに?

昔《むかし》から、人々《ひとびと》は草花《くさばな》や鉱物《こうぶつ》などを使《つか》って食《た》べ物《もの》や布《ぬの》に色《いろ》をつけたり、お化粧《けしょう》の材料《ざいりょう》にしてきたりしました。

「紅花《べにばな》」という植物《しょくぶつ》があります。紅花《べにばな》はエジプト原産《げんさん》といわれ、シルクロードを通《とお》って中国《ちゅうごく》から日本《にっぽん》にやってきました。漢方薬《かんぽうやく》や食用油《しょくようあぶら》の原料《げんりょう》として貴重《きちょう》な植物《しょくぶつ》でしたが、この花《はな》が大切《たいせつ》にされてきたのには別《べつ》の理由《りゆう》があります。

紅《あか》い花《はな》と書《か》くこの花《はな》は、キクの仲間《なかま》で花《はな》の色《いろ》は黄色《きいろ》です。水《みず》に溶《と》けやすい黄色《きいろ》い色素《しきそ》(サフロールイエロー)が含《ふく》まれているので、水《みず》につけると鮮《あざ》やかな黄色《きいろ》い染料《せんりょう》になります。ここからが興味深《きょうみぶか》いのです。黄色《きいろ》がもう抜《ぬ》けきるまで水《みず》にさらした花《はな》に、植物《しょくぶつ》の灰《はい》(炭酸《たんさん》カリウム)を加《くわ》えます。すると花《はな》が赤茶色《あかちゃいろ》に変《か》わります。カルタミンという、そのままでは水《みず》に溶《と》けない色素《しきそ》が、炭酸《たんさん》カリウムのアルカリ性《せい》によって溶《と》け出《だ》したのです。さらに、お酢《す》(酸性《さんせい》)を加《くわ》えます。アルカリ性《せい》がお酢《す》で中和《ちゅうわ》されると、美《うつく》しい紅色《べにいろ》が現《あらわ》れるのです。

人々《ひとびと》は鮮《あざ》やかな黄色《きいろ》の花《はな》に隠《かく》れる、ほん

のわずかな紅色《べにいろ》を求《もと》めたのでした。紅花《べにばな》の赤《あか》は布《ぬの》を染《そ》める他《ほか》、化粧品《けしょうひん》（口紅《くちべに》）として珍重《ちんちょう》されました。作《つく》るのにとても手間《てま》がかかる上《うえ》に、たくさんの花《はな》からほんのわずかしか取《と》れない紅《べに》です。身分《みぶん》の高《たか》い貴族《きぞく》の女性《じょせい》にしか手《て》の届《とど》かない宝物《たからもの》でした。平安時代《へいあんじだい》に書《か》かれた「源氏物語《げんじものがたり》」には、「末摘花《すえつむはな》」という名前《なまえ》で記《しる》されています。庶民《しょみん》には高根《たかね》の花《はな》どころか、一生《いっしょう》に一度《いちど》として、見《み》ることさえなかったことでしょう。

花《はな》の色《いろ》をとことん洗《あら》い流《なが》してから灰《はい》につけ、さらにお酢《す》をかけて取《と》り出《だ》す。いったい誰《だれ》がこんな方法《ほうほう》を考《かんが》えたのでしょうか。古《こ》代《だい》の人々《ひとびと》の知恵《ちえ》に驚《おどろ》くばかりですね。雪《ゆき》の世界《せかい》にも紅花《べにばな》があるのでしょうか。リコの口《くち》紅《べに》はどんな方法《ほうほう》で作《つく》られているのでしょう。

紅花《べにばな》の花《はな》は黄色《きいろ》ですが、灰《はい》とお酢《す》をかけると紅色《べにいろ》を取《と》り出《だ》すことができます。

うひょポイントのかいせつ

うひょ11 なぜ寒《さむ》いときは厚着《あつぎ》をするの？

動物《どうぶつ》は寒《さむ》いときに毛《け》を逆立《さかだ》てます。そうすることによって、冷《つめ》たい空気《くうき》を体《からだ》から遠《とお》ざけ、体温《たいおん》であたためられた、空気《くうき》を逃《に》がさないようにしているのです。私《わたし》たちも、寒《さむ》いときには鳥《とり》はだが立《た》ちます。これは、毛《け》の一本《いっぽん》一《いっ》本《ぽん》にある立毛筋《りつもうきん》という筋肉《きんにく》が毛《け》を逆立《さかだ》てて、空気《くうき》の層《そう》を作《つく》り出《だ》そうとしているのです。でも、私《わたし》たちには体中《からだじゅう》を覆《おお》うほどの毛《け》はありません。そこで、毛《け》の代《か》わりに服《ふく》やセーターを着込《きこ》むのです。ウールのセーターはあたたかいですね。これは、原料《げんりょう》となるヒツジの毛《け》の表面《ひょうめん》にスケールと呼《よ》ばれるウロコのような構造《こうぞう》があり、そこに空気《くうき》を含《ふく》むことができるからです。

体温《たいおん》は、熱《ねつ》を作《つく》る働《はたら》き（熱産生《ねつさんせい》）と熱《ねつ》を外《そと》に逃《に》がす働《はたら》き（放熱《ほうねつ》）で調節《ちょうせつ》されています。厚着《あつぎ》は、放熱《ほうねつ》を防《ふせ》ぐ保温《ほおん》の作戦《さくせん》です。また、産熱《さんねつ》を高《たか》めて体温《たいおん》を保《たも》つ作戦《さくせん》もあります。急《きゅう》に寒《さむ》さを感《かん》じるとガタガタふるえます。ふるえ（シバリング）は、緊急《きんきゅう》の体温調節《たいおんちょうせつ》反《はん》応《のう》です。寒《さむ》いときには、皮《ひ》ふの下《した》の血管《けっかん》の血《けつ》流《りゅう》を少《すく》なくして放熱《ほうねつ》を防《ふせ》ぎます。それでも間《ま》にあわないと体《からだ》が感《かん》じると、筋肉《きんにく》を連続《れんぞく》

的《てき》に何度《なんど》も収縮《しゅうしゅく》させて（ふるえ）、熱《ねつ》を作《つく》り出《だ》すのです。運動《うんどう》すると体《からだ》があたたまるのと同《おな》じです。シバリングは、自分《じぶん》の意志《いし》とは無関係《むかんけい》に起《お》きるので不随意運動《ふずいいうんどう》といいます。ふるえは緊急手段《きんきゅうしゅだん》なので、体《からだ》は次《つぎ》の作戦《さくせん》に入《はい》ります。非《ひ》ふるえ産熱《さんねつ》といいます。交感《こうかん》神経《しんけい》（主《おも》に興奮時《こうふんじ》に働《はたら》く）から出《で》るノルアドレナリンやすい臓《ぞう》から分泌《ぶんぴつ》されるグルカゴンなどの働《はたら》きで、褐色脂肪組織《かっしょくしぼうそしき》という脂肪《しぼう》の一種《いっしゅ》や筋肉《きんにく》などが熱《ねつ》を作《つく》り出《だ》して体温《たいおん》を保《たも》つのです。

それでも、あまりに寒《さむ》すぎると、体温《たいおん》を保《たも》つことができません。低体温症《ていたいおんしょう》と呼《よ》ばれる状態《じょうたい》になり凍死《とうし》することもあります。

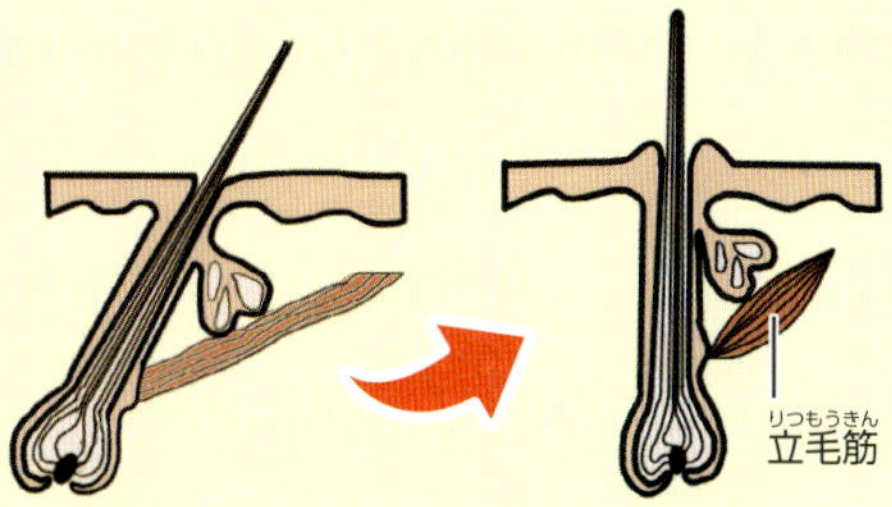

※体温調節《たいおんちょうせつ》についてはP23も参照《さんしょう》してください。

毛《け》の一本一本《いっぽんいっぽん》にある立毛筋《りつもうきん》という筋肉《きんにく》が毛《け》を逆立《さかだ》てて、空気《くうき》の層《そう》を作《つく》り出《だ》そうとしているのです。

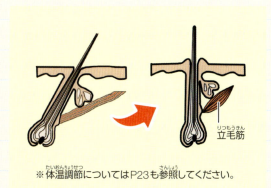

キャサリンからのさいよう試験《しけん》①

うひょポイントQ&A

8個以上《こいじょう》わかったら、
私《わたし》の助手《じょしゅ》として
みとめてあげるわ!

マンガ下《した》に書《か》かれていた
うひょポイントのかいせつの中《なか》から
キャサリンがクイズを出《だ》すよ。
いくつわかるかな?

Q1
電《でん》気《き》を使《つか》わない
冷蔵庫《れいぞうこ》を
何《なん》という?

Q2
物《もの》が引《ひ》き合《あ》う力《ちから》を
何《なん》という?

Q3
体温《たいおん》の調節《ちょうせつ》をして
いるのは、
脳《のう》の何《なん》という部分《ぶぶん》?

Q4
DNAは
何《なん》の略《りゃく》?

Q5
人《ひと》の染色体《せんしょくたい》は
何対《なんつい》ある?

Q6
コンクリートの
氷柱《つらら》ができる
現象《げんしょう》を何《なん》という?

Q7
公転面《こうてんめん》に対《たい》して
地軸《ちじく》は
何度《なんど》かたむいている?

Q8
口紅《くちべに》の
原料《げんりょう》とされていた
植物《しょくぶつ》は?

Q9
寒《さむ》いときのふるえを
英語《えいご》で何《なん》という?

A1 アフリカン非電化冷蔵庫《ひでんかれいぞうこ》　A2 万有引力《ばんゆういんりょく》　A3 視床下部《ししょうかぶ》　A4 デオキシリボ核酸《かくさん》　A5 23対《つい》
A6 エフロレッセンス　A7 約《やく》23.4度《ど》　A8 紅花《べにばな》　A9 シバリング

2

こわがりなタロの一人《ひとり》立《だ》ち試《し》験《けん》を手《て》伝《つだ》おう!

バーベキュー場《じょう》で、出《て》会《あ》ったのはこわがりなカッパ!?
ふしぎで、びっくりする実《じっ》験《けん》をして、
カッパ・タロを試《し》験《けん》に合《ごう》格《かく》させよう。

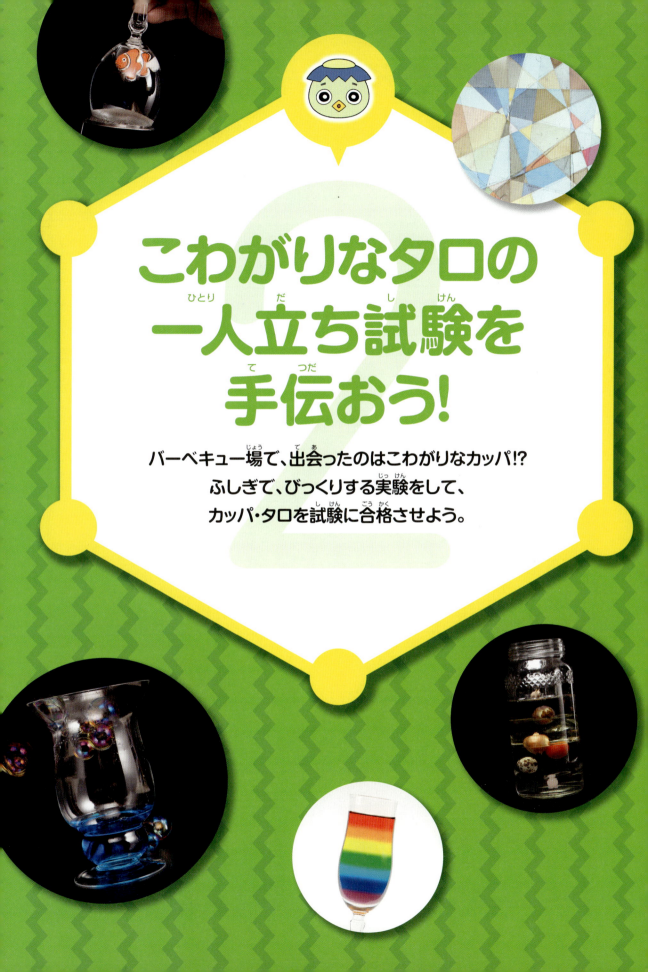

こわがりなタロの一人《ひとり》立《だ》ち試験《しけん》を手伝《てつだ》おう！ ❶

気弱《きよわ》すぎるカッパは半人前《はんにんまえ》

川《かわ》に実験《じっけん》をしに来《き》たダイスケ。出会《であ》ったのは謎《なぞ》の生物《せいぶつ》だった……。

うひょポイントのかいせつ

うひょ12 山《やま》はなぜ涼《すず》しいの？

ヒマラヤ山脈《さんみゃく》にある世界最高峰《せかいさいこうほう》のエベレスト（8848m）の山頂《さんちょう》は年間《ねんかん》を通《とお》して雪《ゆき》に覆《おお》われています。キリマンジャロ山《さん》（5109m）は、赤道《せきどう》に近《ちか》いアフリカの山《やま》ですが、やはり雪《ゆき》が消《き》えることはありません。山《やま》の上《うえ》は太陽《たいよう》に近《ちか》いはずなのに、なぜ雪《ゆき》が溶《と》けないのだろう？　なんて思《おも》いませんか。でも、地球《ちきゅう》と太陽《たいよう》の間《あいだ》の平均距離《へいきんきょり》は約《やく》1億《おく》5千万《せんまん》㎞です。エベレストでさえ、太陽《たいよう》に約《やく》9㎞近《ちか》づいたにすぎません。これでは近《ちか》づいたうちに入《はい》りませんね。太陽《たいよう》との距離《きょり》は気温《きおん》には関係《かんけい》ないようです。

気温《きおん》には大気圧《たいきあつ》（上空《じょうくう》にある空気《くうき》の重《おも》さ）が大《おお》きく関係《かんけい》しています。地球《ちきゅう》の空気《くうき》は、標《ひょう》高《こう》が低《ひく》いところでは濃《こ》く、標高《ひょうこう》が高《たか》くなると薄《うす》くなります。空気《くうき》が薄《うす》いということは、空気《くうき》が持《も》つエネルギーが分散《ぶんさん》してしまうということです。ペットボトルに20℃の空気《くうき》が入《はい》っているとします。気圧《きあつ》が半分《はんぶん》になると、空気《くうき》はボトル2本分《ほんぶん》に膨《ふく》らみます。でも、空気《くうき》が持《も》つ熱《ねつ》は1本《ぽん》を20℃にする分《ぶん》しかないので、温度《おんど》は低《ひく》くなります。気圧《きあつ》が1／10ならば、空気《くうき》は10本分《ぽんぶん》に、温度《おんど》はさらに低《ひく》

くなります。このように、標高《ひょうこう》が高《たか》い（気圧《きあつ》が低《ひく》い）ほど、温度《おんど》は下《さ》がるのです。一般《いっぱん》に、100m上《あ》がるごとに0.6℃ずつ気温《きおん》は下《さ》がります。エベレストの標高《ひょうこう》だと平地《へいち》との温度《おんど》差《さ》は計算上《けいさんじょう》50℃以上《いじょう》にもなります。避暑《ひしょ》でエベレストには行《い》きませんが、避暑地《ひしょち》の多《おお》くが高原《こうげん》にあるのは、こうした理由《りゆう》からです。避暑地《ひしょち》で有名《ゆうめい》な軽井沢《かるいざわ》は、標高《ひょうこう》1000mくらいなので、6℃くらい涼《すず》しくなることになります。また、平地《へいち》であたためられた空気《くうき》は、風《かぜ》となって山《やま》の斜面《しゃめん》に沿《そ》ってふきのぼります。あたたかい空気《くうき》は上空《じょうくう》で冷《ひ》やされ、雲《くも》となり、雨《あめ》が降《ふ》ります。降《ふ》った雨《あめ》が乾《かわ》くときには周囲《しゅうい》から気化熱《きかねつ》を奪《うば》いますから、ますます山《やま》の気温《きおん》が低《ひく》くなるのです。

①

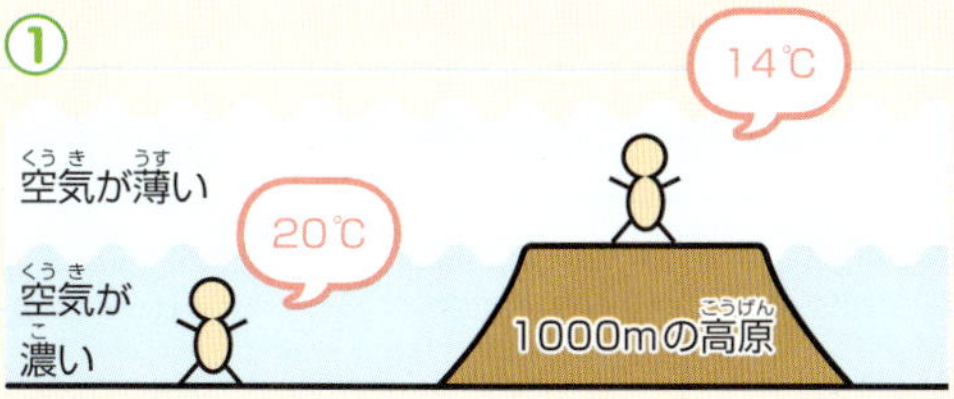

②

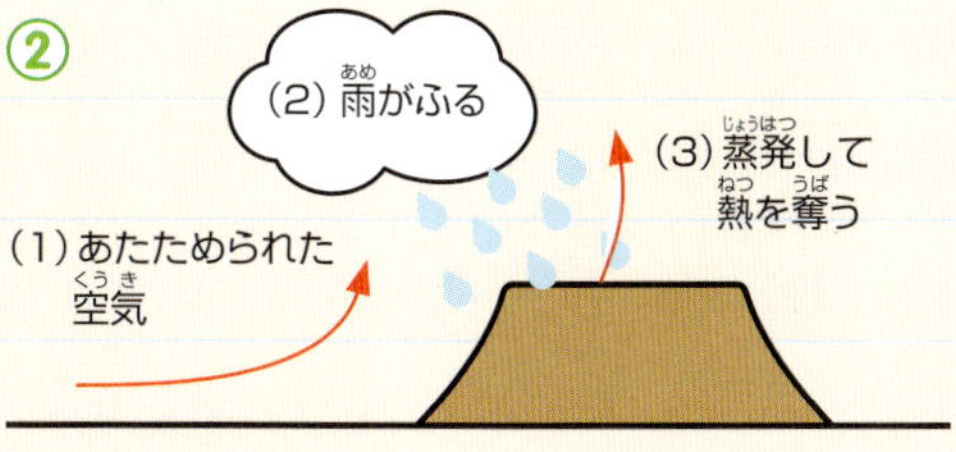

うひょポイントのかいせつ

うひょ13 魚《さかな》はどうして水《みず》の中《なか》で息《いき》ができるの?

地球上《ちきゅうじょう》のほとんどの生《い》き物《もの》は、生《い》きていくために酸素《さんそ》が必要《ひつよう》です。酸素《さんそ》を使《つか》って、ご飯《はん》（主《おも》にデンプンを消化《しょうか》したブドウ糖《とう》）を燃《も》やして生《い》きるためのエネルギーを得《え》ているからです。この働《はたら》きを「呼吸《こきゅう》」といいます。

「あれ？　呼吸《こきゅう》って息《いき》をすることじゃないの？」と思《おも》うかもしれません。そう、それも呼吸《こきゅう》です。ものを燃《も》やすには酸素《さんそ》が必要《ひつよう》です。そして、ものが燃《も》えると二酸化炭素《にさんかたんそ》が出《で》ます。酸素《さんそ》や二酸化炭素《にさんかたんそ》は、血液《けつえき》で運《はこ》ばれます。私《わたし》たちが息《いき》をすると空気《くうき》は肺《はい》に入《はい》ります。肺《はい》には、たくさんのとても細《こま》かい血管《けっかん》（毛細血管《もうさいけっかん》）があり、空気《くうき》から血液《けつえき》に酸素《さんそ》を取《と》り込《こ》んだり、血液《けつえき》から二酸化炭素《にさんかたんそ》を取《と》り除《のぞ》いたりしています。私《わたし》たちが息《いき》を吸《す》ったり、はいたりするのは、ご飯《はん》を燃《も》やしてエネルギーを得《え》る「呼吸《こきゅう》」の一部分《いちぶぶん》なのです。

魚《さかな》たちも、私《わたし》たちと同《おな》じように酸素《さんそ》が必要《ひつよう》です。水《みず》の中《なか》には空気《くうき》はありませんが、ちゃんと酸素《さんそ》はあるのです。水《みず》の中《なか》に溶《と》けているのです。水槽《すいそう》に空気《くうき》を泡《あわ》のように出《だ》したり、水《みず》を流《なが》したりするのは、水《みず》に酸素《さんそ》を溶《と》け込《こ》ませるためです。魚《さかな》は水《みず》に溶《と》け込《こ》んで

ガクブル
ズサササ
ガクブル
ご…ごめん おどろかせるつもりじゃ なかったんだ…
だいじょうぶ? こんなところで 何《なに》していたの?
よいしょっ
のそ のそ…
ボクは カッパの タロ といいます
ちなみに 長男《ちょうなん》です
実《じつ》はカッパ界《かい》では 一人立《ひとりだ》ちするための テストがあって
そのために 人間界《にんげんかい》に来《き》て いるんです
テスト?

いる酸素《さんそ》を「エラ」という器官《きかん》から取《と》り込《こ》みます。エラにはたくさんの毛細血管《もうさいけっかん》があって、水《みず》から血液《けつえき》に酸素《さんそ》を取《と》り込《こ》み、二酸化《にさんか》炭素《たんそ》を水《みず》に出《だ》しています。私《わたし》たちの肺《はい》と魚《さかな》のエラとは、同《おな》じような構造《こうぞう》と働《はたら》きを持《も》っているのです。

魚《さかな》が口《くち》をパクパクさせているのを見《み》たことがありませんか? あれは、水《みず》をエラに通《とお》して呼吸《こきゅう》をしているのです。ところが、マグロやカツオなどは、パクパクする呼吸《こきゅう》はできません。ですからいつも泳《およ》いでいて、口《くち》からエラに水《みず》を通《とお》していなければなりません。もし、泳《およ》ぐのを止《や》めてしまったら、呼吸《こきゅう》ができずに死《し》んでしまうのです。

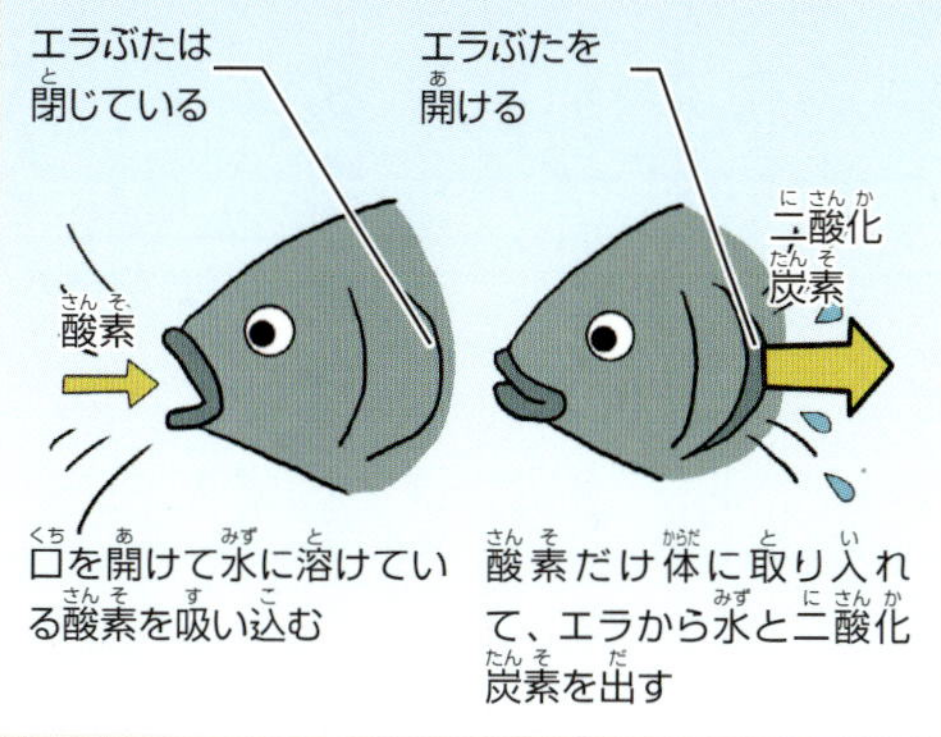
エラぶたは
閉《と》じている
エラぶたを
開《あ》ける
酸素《さんそ》
二酸化《にさんか》
炭素《たんそ》
口《くち》を開《あ》けて水《みず》に溶《と》けている酸素《さんそ》を吸《す》い込《こ》む
酸素《さんそ》だけ体《からだ》に取《と》り入《い》れて、エラから水《みず》と二酸化《にさんか》炭素《たんそ》を出《だ》す

魚《さかな》が水《みず》の中《なか》で、いつも口《くち》をパクパクさせているのは、呼吸《こきゅう》をしているのです。

うひょポイントのかいせつ

うひょ14 カッパのタロは未確認生物《みかくにんせいぶつ》?

目撃情報《もくげきじょうほう》や噂《うわさ》があるけれど、生存《せいぞん》していることが確認《かくにん》されていない生物《せいぶつ》のことを「未《み》確認生物《かくにんせいぶつ》」といいます。この本《ほん》のマンガに登《とう》場《じょう》するタロは想像上《そうぞうじょう》のキャラクターですが、日本各地《にっぽんかくち》にはカッパにまつわる伝説《でんせつ》はたくさんあります。

カッパは溺《おぼ》れて死《し》んだ人《ひと》の姿《すがた》がモデルではないかともいわれています。人《ひと》が溺《おぼ》れそうな危《あぶ》ない場所《ばしょ》に近《ちか》づかないように「カッパが出《で》るから近《ちか》づくな」と子《こ》どもたちにいい聞《き》かせる意味《いみ》もあったようです。ノブ先生《せんせい》が学生《がくせい》時代《じだい》を過《す》ごした青森県《あおもりけん》には「危険《きけん》！　よるな、近《ちか》づくな！　メドツ（カッパ）が出《で》るぞ！」という看板《かんばん》が用水路《ようすいろ》の近《ちか》くにありました。カッパは妖怪《ようかい》に分類《ぶんるい》されることが多《おお》いですが、ツチノコと並《なら》ぶ未確認生物《みかくにんせいぶつ》だという見方《みかた》もあるそうです。全国各地《ぜんこくかくち》にカッパのミイラや骨《ほね》とされるものが伝《つた》えられています。これは、江戸《えど》時代《じだい》に造形師《ぞうけいし》が他《ほか》の動物《どうぶつ》の骨《ほね》などを組《く》み合《あ》わせ、カッパのミイラや骨《ほね》として見世物《みせもの》にしたのではないかと考《かんが》えられています。特《とく》に、カッパの手首《てくび》といわれるもののほとんどが、ニホンカワウソのミイラ

だと推定《すいてい》されています。

ニホンカワウソは、かつては日本中《にっぽんじゅう》に生息《せいそく》していたのですが、皮《かわ》を目《め》あてにした乱獲《らんかく》により、激減《げきげん》してしまいました。1979年《ねん》に高知県《こうちけん》で、目撃《もくげき》されて以来《いらい》、生息《せいそく》が確認《かくにん》されておらず、2012年に環境省《かんきょうしょう》レッドデータリスト（RDB）の絶滅種《ぜつめつしゅ》に指定《してい》されました。日本《にっぽん》にはたくさんの野生生物《やせいせいぶつ》がいますが、残念《ざんねん》なことに絶滅《ぜつめつ》の危機《きき》にある生物《せいぶつ》も少《すく》なくありません。IUCN（国際自然《こくさいしぜん》保護連合《ほごれんごう》）のレッドリストによると日本《にっぽん》に住《す》む野生動物《やせいどうぶつ》の絶滅危惧種《ぜつめつきぐしゅ》は363種類《しゅるい》※もいるのです。ニホンカワウソは愛媛県《えひめけん》の県獣《けんじゅう》であり、県《けん》では絶滅《ぜつめつ》していないことを前提《ぜんてい》に、独自《どくじ》に絶滅危惧種《ぜつめつきぐしゅ》としています。どこかで、生《い》きていてくれればいいですね。

※2015年《ねん》4月現在《がつげんざい》

カッパの手首《てくび》といわれるもののほとんどが、ニホンカワウソのミイラだと推定《すいてい》されています。
（愛媛県立《えひめけんりつ》とべ動物園提供《どうぶつえんていきょう》）

こわがりタロを一人《ひとり》立《だ》ちさせるための実験《じっけん》　その❶

なかよくならぶシャボン玉《だま》

シャボン玉《だま》が落《お》ちないってふしぎだね！

つかうもの

●ポリぶくろ

●スプレーボトル

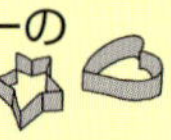

●クッキーの型《かた》わく

●大《おお》きめの透明容器《とうめいようき》

●シャボンセット

重曹

●重《じゅう》そう

クエン酸

●クエン酸《さん》

食紅

●食紅《しょくべに》

●消毒用《しょうどくよう》エタノール

●水《みず》

1 重《じゅう》そう、クエン酸《さん》、食紅《しょくべに》を入《い》れる

ポリぶくろに重《じゅう》そうとクエン酸《さん》を2対《たい》1の割合《わりあい》で入《い》れ、食紅《しょくべに》を少量《しょうりょう》加《くわ》える。色《いろ》のこさは好《この》みでOK。

2 アルコールをスプレーする

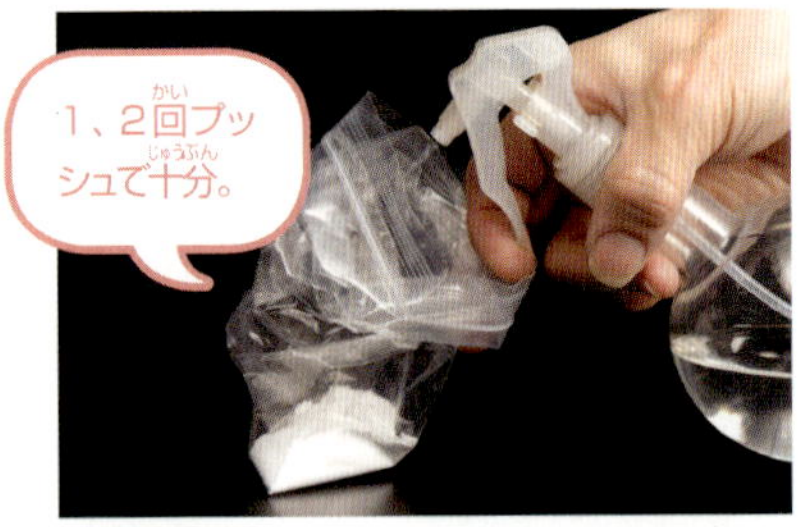
1、2回《かい》プッシュで十分《じゅうぶん》。

消毒用《しょうどくよう》エタノールをスプレーに入《い》れて、❶のふくろに少量《しょうりょう》ふきかける。

3 ポリぶくろをもむ

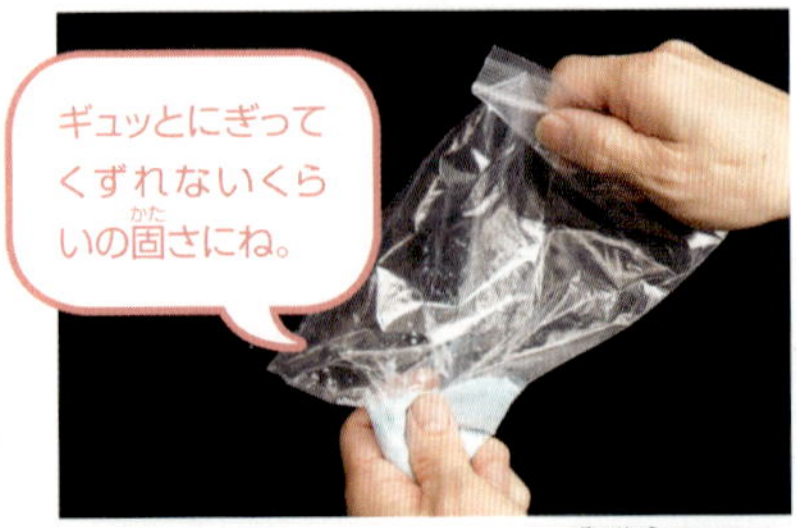
ギュッとにぎってくずれないくらいの固《かた》さにね。

ポリぶくろをよくもんで、材料《ざいりょう》をしめらせる。

4 型《かた》わくに入《い》れてかんそうさせる

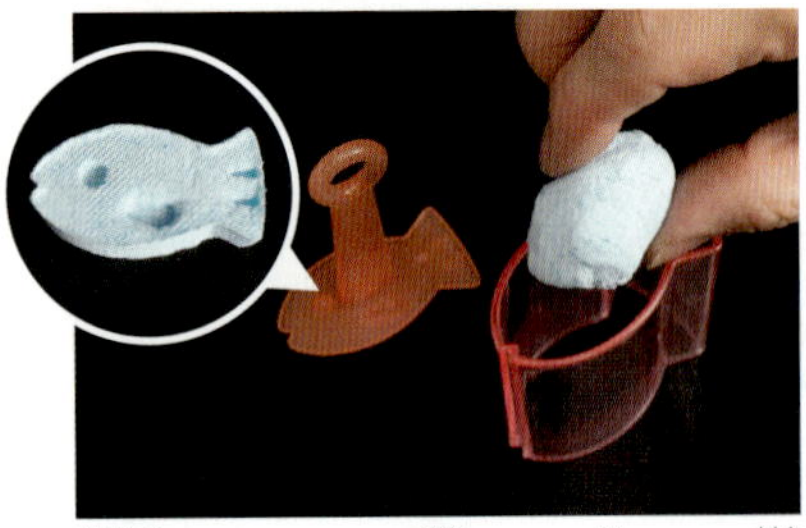

材料《ざいりょう》をクッキーの型《かた》わくに入《い》れて、形《かたち》を整《ととの》えて、かんそうさせる。これで発《はっ》ぽうざいができる。

5 発《はっ》ぽうざいをお湯《ゆ》に入《い》れる

1/4くらいお湯《ゆ》を入《い》れた容器《ようき》に、発《はっ》ぽうざいを入《い》れる。

6 シャボン玉《だま》をふき入《い》れる

シャボン玉《だま》を容器《ようき》の中《なか》にゆっくりふき入《い》れる。

コツ 発《はっ》ぽうざいは、よくかんそうさせること。きちんとかわいてからつかおう。
発《はっ》ぽうざいの代《か》わりにドライアイスでもできるよ。

むずかしさ

★★★　★★　★

かかる時間《じかん》

25分

発《はっ》ぽうざいをつくる時間《じかん》15分《ふん》
（かんそうに数時間《すうじかん》）
シャボン玉実験《だまじっけん》10分《ふん》

シャボン玉《だま》が空中《くうちゅう》で一列《いちれつ》にならぶ。

わ～！
シャボン玉《だま》が
ならんでる

なんでこうなる？

シャボン玉《だま》がとまっているのはなぜ？

二酸化炭素《にさんかたんそ》の層《そう》に乗《の》っかっているんだ

シャボン玉《だま》が落《お》ちずにとまっているのは、二酸化炭素《にさんかたんそ》のおかげなんだ。実験《じっけん》のように、重《じゅう》そうとクエン酸《さん》が水《みず》にとけると二酸化炭素《にさんかたんそ》が発生《はっせい》する。二酸化炭素《にさんかたんそ》は空気《くうき》より重《おも》いので、水《みず》の上《うえ》にたまっていく。シャボン玉《だま》の中身《なかみ》は空気《くうき》だから二酸化炭素《にさんかたんそ》よりも軽《かる》い。だから、目《め》に見《み》えない二酸化炭素《にさんかたんそ》の層《そう》に乗《の》っかって、なかよくならんでいるんだよ。

なかよくならぶシャボン玉《だま》　応用《おうよう》

下《した》から消《き》えたり、上《うえ》から消《き》えたり

下《した》の火《ひ》から先《さき》に消《き》える。

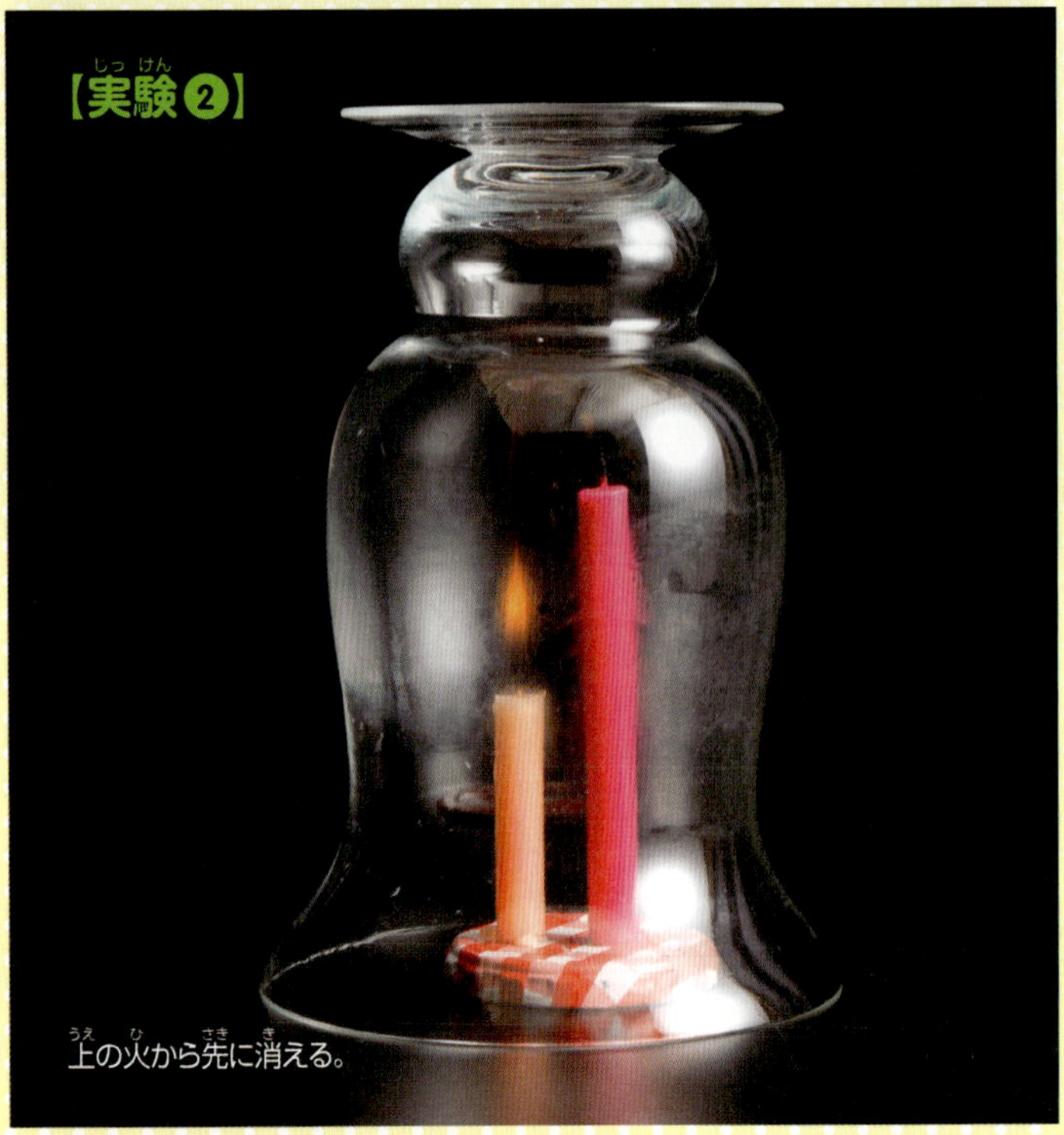

上《うえ》の火《ひ》から先《さき》に消《き》える。

つかうもの

●ロウソク（長《ちょう》、短《たん》）　●ロウソクの台《だい》（ジャムビンのフタなど）　●大《おお》きめのガラス容器《ようき》　●着火《ちゃっか》ライター　●重《じゅう》そう 大《おお》さじ2　●クエン酸《さん》 大《おお》さじ１　●水《みず》

【実験《じっけん》①】やりかた

1. ２本《ほん》のロウソクを台《だい》に固定《こてい》して、容器《ようき》に入《い》れる。
2. 重《じゅう》そうを大《おお》さじ２、クエン酸《さん》を大《おお》さじ１入《い》れる。
3. ロウソクに火《ひ》をつけて、容器《ようき》に静《しず》かに水《みず》を入《い》れる。

【実験《じっけん》②】やりかた

1. ２本《ほん》のロウソクを台《だい》に固定《こてい》して、火《ひ》をつける。
2. ガラス容器《ようき》をかぶせる。

先生《せんせい》アドバイス

火事《かじ》のときに姿勢《しせい》を低《ひく》くしてひなんするのは、【実験《じっけん》②】のように熱《あつ》い有毒《ゆうどく》ガスや二酸化炭素《にさんかたんそ》などが上《うえ》にたまるからだね。ところで、この実験《じっけん》をもっと大《おお》きな容器《ようき》でやったらどうなるだろう。下《した》の火《ひ》から消《き》えるかもしれないよ。

⚠ 火《ひ》をつかうので、必《かなら》ず保護者《ほごしゃ》と行《おこな》うこと。

これで夏休《なつやす》みの宿題《しゅくだい》もこわくない！

自《じ》由《ゆう》研《けん》究《きゅう》対《たい》策《さく》室《しつ》

二酸化炭素《にさんかたんそ》のたまりかた

むずかしさ ★★★

目的《もくてき》

二酸化炭素《にさんかたんそ》には空気《くうき》よりも重《おも》く、火《ひ》を消《け》す性質《せいしつ》がある【実験《じっけん》❶】。ところが、火《ひ》のついたロウソクに容器《ようき》をかぶせると上《うえ》から消《き》える【実験《じっけん》❷】。ロウソクがもえて発生《はっせい》した二酸化《にさんか》炭素《たんそ》は熱《あつ》いので上《うえ》にのぼっていく。熱《あつ》い二《に》酸化炭素《さんかたんそ》も冷《ひ》えれば下《した》におりていくので、大《おお》きな容器《ようき》で実験《じっけん》すれば下《した》の火《ひ》から消《き》えるのではないかと考《かんが》えた。

材料《ざいりょう》

- ロウソク（長《ちょう》、短《たん》）
- ロウソク台《だい》（CD）
- ガラスの水《すい》そう
- コップ
- 水《みず》
- 重《じゅう》そう
- クエン酸《さん》
- 着火《ちゃっか》ライター

【実験《じっけん》1】二酸化炭素《にさんかたんそ》の性質《せいしつ》

方法《ほうほう》

1. ロウソク（長《ちょう》、短《たん》）を水《すい》そうの中《なか》にたてた。
2. 重《じゅう》そうとクエン酸《さん》を2：1で入《い》れたコップを水《すい》そうの中《なか》に置《お》いた。
3. ロウソクに火《ひ》をつけ、コップに水《みず》を入《い》れた。

結果《けっか》

コップに水《みず》を入《い》れると二酸化炭素《にさんかたんそ》が発生《はっせい》した。しばらくすると、下《した》のほのおが消《き》えた。二酸化炭素《にさんかたんそ》は空《くう》気《き》よりも重《おも》く、火《ひ》を消《け》す性質《せいしつ》が確《たし》かめられた。

【実験《じっけん》2】二酸化炭素《にさんかたんそ》のたまりかた（1）

方法《ほうほう》

1. 実験《じっけん》1と同じ2本《ほん》のロウソクをたてた。
2. 密閉《みっぺい》するために水《すい》そうのふちにデンプンのりをつけた。
3. ロウソクに火《ひ》をつけて、水《すい》そうをさかさまにして静《しず》かにかぶせた。

結果《けっか》

ガラス容器《ようき》をかぶせてしばらくすると、先《さき》に下《した》のロウソクの火《ひ》が消《き》え、すぐに上《うえ》の火《ひ》も消《き》えた。上《うえ》からたまる二酸化炭素《にさんかたんそ》と下《した》からたまる二酸化炭素《にさんかたんそ》が同《おな》じくらいなのかもしれないと考《かんが》えた。実験《じっけん》をくり返《かえ》すと、火《ひ》が消《き》えるのは上《うえ》と下《した》とでほとんど同時《どうじ》で、上《うえ》から消《き》えることもあった。そこで、二酸化炭素《にさんかたんそ》の動《うご》きかたを調《しら》べることにした。

【実験《じっけん》3】二酸化炭素《にさんかたんそ》の動《うご》きかた（2）

方法《ほうほう》

1. 高《たか》さのちがうロウソクを4本《ほん》たてた。
2. 【実験《じっけん》2】と同《おな》じように水《すい》そうをかぶせた。

結果《けっか》

【実験《じっけん》2】から、ロウソクの火《ひ》は、上《うえ》と下《した》から順《じゅん》に消《き》えるのではないかと予想《よそう》した。結果《けっか》は、最初《さいしょ》に高《たか》い位置《いち》の火《ひ》が消《き》え、下《した》から2番目《ばんめ》、一番下《いちばんした》、上《うえ》から2番目《ばんめ》の順《じゅん》で消《き》えた。熱《あつ》い二酸化炭素《にさんかたんそ》が上《うえ》から、冷《ひ》えた二酸化炭素《にさんかたんそ》が下《した》からたまるのではなく、熱《あつ》い二酸化炭素《にさんかたんそ》が天井《てんじょう》にぶつかったり、冷《ひ》えたりして下《した》におりていって、水《すい》そうの中《なか》を回《まわ》っているのでいろいろな消《き》えかたになるのではないかと考《かんが》えた。二酸《にさん》化炭素《かたんそ》の動《うご》きが目《め》で見《み》えるような実験《じっけん》を考《かんが》えて、確《たし》かめたい。

野菜《やさい》実験《じっけん》でおどろきを見《み》つけよう

オドロキ玉《だま》を初《はつ》ゲットしたタロ。安心《あんしん》したらおなかがすいて……。

うひょポイントのかいせつ

うひょ 15 キュウリの生《い》き残《のこ》り戦略《せんりゃく》?

キュウリを巻《ま》いたお寿司《すし》をカッパ巻《まき》ともいいます。どうやら、カッパの大好物《だいこうぶつ》がキュウリだという言い伝《つた》えから来《き》ているようです。カッパでなくても、キュウリはそのままで食《た》べても、漬《つ》け物《もの》にしてもとても美味《おい》しい野菜《やさい》ですね。

キュウリのツルには、とてもおもしろい性質《せいしつ》があります。ツルは巻《ま》きながら伸《の》びていって、ネットやそえ木《ぎ》などにからみつきます。よく見《み》ると、何回《なんかい》か巻《ま》いたツルは、まん中《なか》あたりでまっすぐになり、そこから逆《ぎゃく》に巻《ま》くのです。とても理《り》にかなった巻《ま》き方《かた》です。同《おな》じ方向《ほうこう》に巻《ま》いていると、風《かぜ》などで引《ひ》っ張《ぱ》られたときにねじれて輪《わ》になってしまいます。ツルはそこから切《き》れたり、傷《きず》がついてくさったりするかもしれません。途中《とちゅう》から逆《ぎゃく》に巻《ま》くことによって、ねじれは打《う》ち消《け》し合《あ》い、切《き》れたり傷《きず》ついたりしにくくなるのです。生《い》き物《もの》が、身《み》を守《まも》る作戦《さくせん》には、本当《ほんとう》に感心《かんしん》させられます。人間《にんげん》の世界《せかい》でも、音響《おんきょう》などの仕事《しごと》をしている人《ひと》たちは、八《はち》の字巻《じま》きといって、ケーブルを巻《ま》くときに一《ひと》巻《ま》きずつ逆《ぎゃく》に巻《ま》きます。延《の》ばしたときにケーブルがねじれないか

あぁ あと
ちょっと相談《そうだん》
なんですが
おなかペッコリ…
ぐぅぅぅ
実《じつ》はずっと隠《かく》れていたからおなかがすいて…キュウリのつけものとか僕《ぼく》の好物《こうぶつ》ないですか？
うひょ15
ちょうどお肉《にく》を焼《や》こうと思《おも》って
あ 肉《にく》は無理《むり》です
キッパリ。
ホント厚《あつ》かましいわねアンタ
ブヒッ
バーベキュー用《よう》に持《も》って来《き》た野菜《やさい》があるよ！
川《かわ》の水《みず》もつかえることだし
それではコレを食《た》べる前《まえ》に
野菜《やさい》でふしぎな実験《じっけん》をしてみようか
わーい!!

らです。この作戦《さくせん》、キュウリに教《おし》えてもらったのでしょうか。

ところで、漬《つ》け物《もの》のキュウリに電流《でんりゅう》を流《なが》すとどうなるでしょうか。なんと、60Vほどの電圧《でんあつ》でキュウリは光《ひか》りはじめます。電圧《でんあつ》をかける（電池《でんち》をつなぐ）とキュウリ（豆電球《まめでんきゅう》）に電流《でんりゅう》が流《なが》れ、熱《ねつ》（豆電球《まめでんきゅう》が熱《あつ》くなる）が出《で》ます。この熱《ねつ》でキュウリの水分《すいぶん》が蒸発《じょうはつ》して空間《くうかん》ができると放電《ほうでん》が始《はじ》まります。放電《ほうでん》のエネルギーで、食塩《しょくえん》（塩化《えんか》ナトリウム）に含《ふく》まれるナトリウムが発光《はっこう》するのです。この発光《はっこう》は低《てい》温《おん》プラズマと呼《よ》ばれ、蛍光灯《けいこうとう》ばかりかオーロラが光《ひか》るのも同《おな》じ理由《りゆう》なのです。オーロラと漬《つ》け物《もの》の発光《はっこう》、ふしぎな取《と》り合《あ》わせですね。

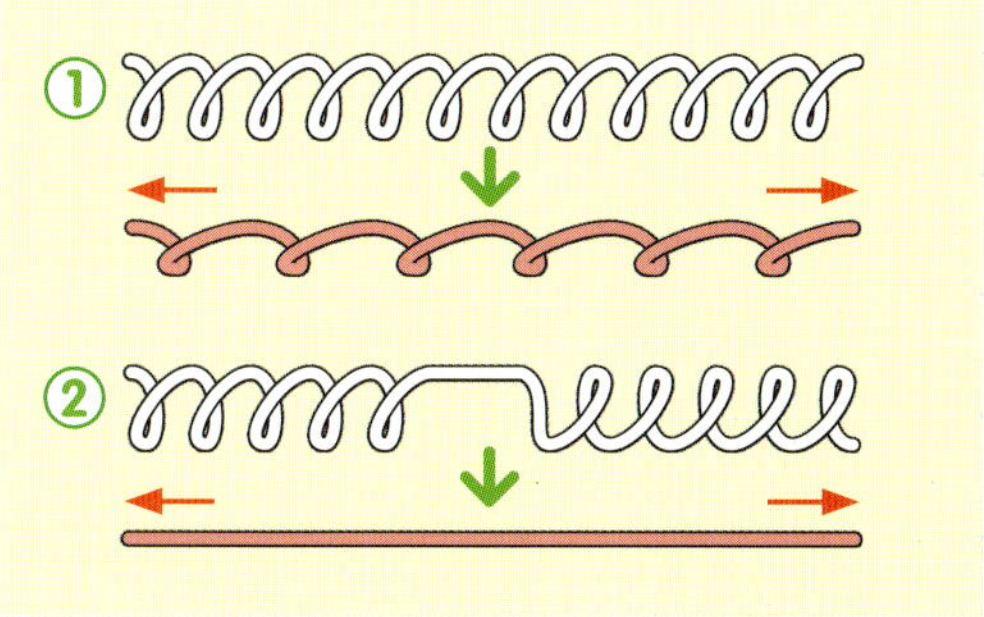
①
②

一方向《いちほうこう》だけの巻《ま》き方《かた》だと、左右《さゆう》に引《ひ》っ張《ぱ》るとねじれてしまいます（①）。何回《なんかい》か巻《ま》いたツルは、まん中《なか》あたりでまっすぐになり、そこから逆《ぎゃく》に巻《ま》かれています（②）。そうすると、左右《さゆう》を引《ひ》っ張《ぱ》ったときに、一本《いっぽん》の直線《ちょくせん》になるのです。

こわがりタロを一人《ひとり》立《だ》ちさせるための実験《じっけん》 その②

水《すい》中《ちゅう》マンション

もののうかぶ場《ば》所《しょ》が、それぞれちがうよ！

つかうもの

● コップ

● 背《せ》の高《たか》いガラスの容器《ようき》

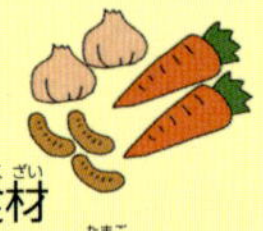

● 食材《しょくざい》（うずらの卵《たまご》、ミニトマト、ミニタマネギ、小《こ》ナス）

● ほう和食塩水《わしょくえんすい》（P30参照《さんしょう》）

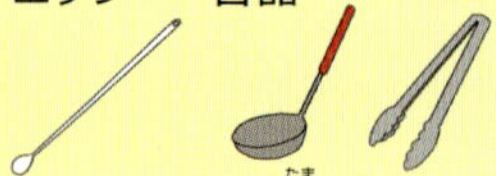

● マドラー ● お玉《たま》 ● トング

● 水《みず》

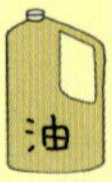

● 油《あぶら》

● 消毒用《しょうどくよう》エタノール

1 2層目《そうめ》の食塩水《しょくえんすい》を準備《じゅんび》する

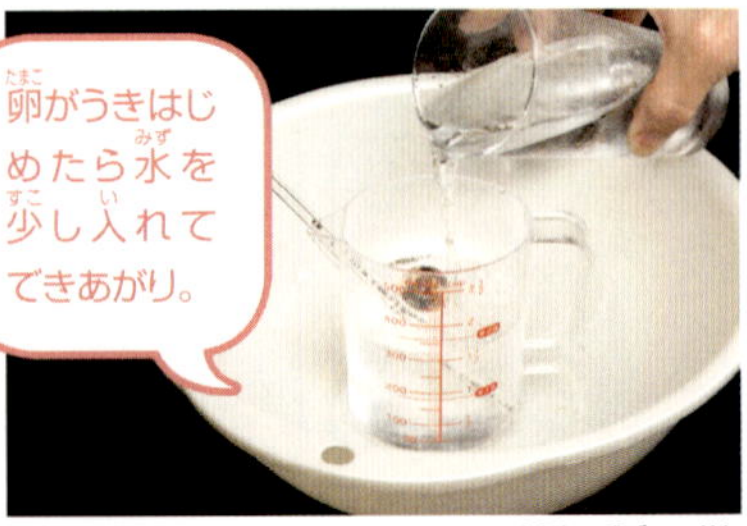
卵《たまご》がうきはじめたら水《みず》を少《すこ》し入《い》れてできあがり。

大《おお》きめのコップにうずらの卵《たまご》と水《みず》を半分《はんぶん》入《い》れる。卵《たまご》がうく直前《ちょくぜん》まで少《すこ》しずつほう和食塩水《わしょくえんすい》を混《ま》ぜながら入《い》れる。

2 1層目《そうめ》：ほう和食塩水《わしょくえんすい》を入《い》れる

ほう和食塩水《わしょくえんすい》のつくりかたは30ページを参考《さんこう》にして！

ガラス容器《ようき》にほう和食塩水《わしょくえんすい》を1/6くらい入《い》れる。

3 2層目《そうめ》：❶でつくった食塩水《しょくえんすい》を入《い》れる

お玉《たま》

❶でつくった食塩水《しょくえんすい》をほう和食塩水《わしょくえんすい》の上《うえ》に重《かさ》ねるように静《しず》かにそそぐ。

4 3層目《そうめ》：水《みず》を入《い》れる

食塩水《しょくえんすい》の上《うえ》に水《みず》をそそぎ、ミニトマトを入《い》れる。水《みず》と食塩水《しょくえんすい》は混《ま》ざりやすいので、ゆっくり流《なが》し入《い》れること。

5 4層目《そうめ》：油《あぶら》を入《い》れる

水《みず》の上《うえ》にゆっくりと油《あぶら》を入《い》れ、ミニタマネギを入《い》れる。

6 5層目《そうめ》：消毒用《しょうどくよう》エタノールを入《い》れる

油《あぶら》の上《うえ》に消毒用《しょうどくよう》エタノールを重《かさ》ねて、小《こ》ナスを入《い》れる。

むずかしさ

★★★（選択） ★★ ★

かかる時間《じかん》

30分

！ 写真《しゃしん》では一番下《いちばんした》にガラスのブタ、上《うえ》にはプラスチックの船《ふね》に乗《の》ったブタがいるけど、実験《じっけん》ではなくてもだいじょうぶ。

【書名】松延康の理科実験ブック

◎ご購読いただき、誠にありがとうございます。
◎お手数ですが、ぜひ以下のアンケートにお答えください。

……………………………… 該当する項目を○で囲んでください ………………………………

◎本書へのご感想をお聞かせください

・内容について	a.とても良い	b.良い	c.普通	d.良くない
・わかりやすさについて	a.とても良い	b.良い	c.普通	d.良くない
・装幀について	a.とても良い	b.良い	c.普通	d.良くない
・定価について	a.高い	b.ちょうどいい	c.安い	
・本の形について	a.厚い	b.ちょうどいい	c.薄い	
	a.大きい	b.ちょうどいい	c.小さい	

◎本書へのご意見をお聞かせください

◎お買い上げ日／書店をお教えください

年　　月　　日／　　　　　　　　　市区町村　　　　　　　　書店

◎お買い求めの動機をお教えください

1.新聞広告で見て　2.雑誌広告で見て　3.店頭で見て　4.人からすすめられて
5.図書目録を見て　6.書評を見て　7.セミナー・研修で　8.DMで
9.その他（　　　　　　　　　　　　　　　　　　　　　）

◎本書以外で、最近お読みになった本をお教えください

◎今後、どんな出版をご希望ですか（著者、テーマなど）

◎ご協力ありがとうございました。

郵便はがき

料金受取人払郵便

新宿局承認

2165

差出有効期間
平成28年8月
31日まで

1638791

999

(受取人)
日本郵便 新宿郵便局
郵便私書箱第330号

(株)実務教育出版

愛読者係行

フリガナ お名前		年齢　　　歳 性別　　男・女
ご住所	〒 電話　　　(　　　　)　　　　自宅・勤務先 電子メール・アドレス(　　　　　　　　)	
ご職業	1. 会社員　2. 経営者　3. 公務員　4. 教員・研究者　5. コンサルタント 6. 学生　7. 主婦　8. 自由業　9. 自営業 10. その他(　　　　　　)	
勤務先・学校名		所属(役職)または学年

の読者カードは、当社出版物の企画の参考にさせていただくものであり、その目的以外
は使用いたしません。

ことなる比重《ひじゅう》の液体《えきたい》の層《そう》に野菜《やさい》や卵《たまご》がうかぶ。

【水《みず》のそそぎかた】

お玉《たま》などで、かべを伝《つた》わらせながら、静《しず》かにそそぐのがコツ。

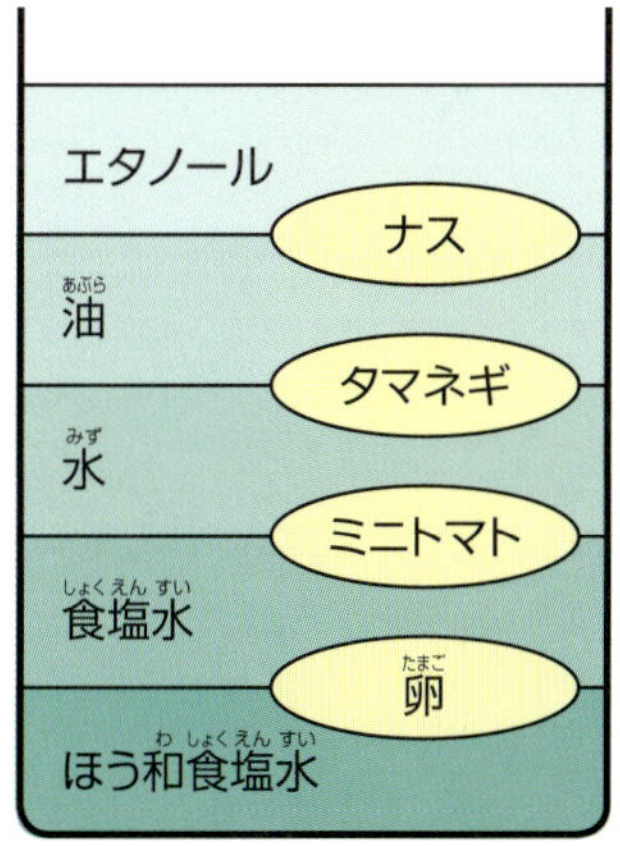

たてに野菜《やさい》がならんでいるわ!

なんでこうなる?

なぜ、ちがう高《たか》さにういているの?

相手《あいて》よりも重《おも》ければ下《した》に、軽《かる》ければ上《うえ》にいくよ

重《おも》いとか、軽《かる》いとかは大《おお》きさによって変《か》わってしまう。そこで、おなじ大《おお》きさ(1cmのサイコロ)にしたときの水《みず》の重《おも》さを1として比《くら》べる方法《ほうほう》があるんだ。これを「比重《ひじゅう》」という。この実験《じっけん》では、液体《えきたい》を「比重《ひじゅう》」の大《おお》きいものから入《い》れている。ほう和食塩水《わしょくえんすい》＜卵《たまご》＜食塩水《しょくえんすい》＜トマト＜水《みず》＜タマネギ＜油《あぶら》＜ナス＜エタノールの順《じゅん》になっているのは比重《ひじゅう》の大《おお》きさのちがいがあるからなんだ。

水中《すいちゅう》マンション　応用《おうよう》①

レインボージュース

ムラサキから赤《あか》まできれいにわかれたレインボージュースができた。

つかうもの

- 1Lペットボトル
- 紙《かみ》コップ 7こ
- 背《せ》の高《たか》いグラス
- スポイト
- 水《みず》、さとう
- 食紅《しょくべに》（赤《あか》、青《あお》、緑《みどり》、黄色《きいろ》）

やりかた

1. 1Lのペットボトルに水《みず》500mLを入《い》れ、さとう500gをとかし、ほう和《わ》さとう水《すい》をつくる。

2. 赤《あか》、青《あお》、緑《みどり》、黄色《きいろ》の食紅《しょくべに》と少量《しょうりょう》の水《みず》で、虹《にじ》の7色《しょく》をつくる。

ポイント

オレンジは赤《あか》と黄色《きいろ》でつくる。ムラサキと藍色《あいいろ》は、赤《あか》と青《あお》を混《ま》ぜてつくる。色《いろ》はなるべく、こくつくろう。

3. 表《ひょう》のように、さとう水《みず》と水《みず》をまぜる。

	さとう水《みず》（mL）	水《みず》（mL）
ムラサキ	120	0
藍《あい》	100	20
青《あお》	80	40
緑《みどり》	60	60
黄色《きいろ》	40	80
オレンジ	20	100
赤《あか》	0	120

4. グラスにスポイトでムラサキから順《じゅん》にいれていく。

ポイント

色《いろ》が混《ま》じらないように、スポイトをつかってゆっくりと入《い》れる。

先生《せんせい》アドバイス

層《そう》になった重《おも》さのちがうさとう水《みず》は、時間《じかん》がたつとだんだん溶《と》け合《あ》って全体《ぜんたい》が同《おな》じこさになろうとする。これを、拡散《かくさん》というんだ。7色《しょく》のレインボージュースも、4～5日《にち》すると5色《しょく》くらいにしか見《み》えなくなっちゃうよ。

水中《すいちゅう》にうかぶ卵《たまご》

水《みず》のまん中《なか》にうかぶ。

つかうもの

- トング
- 大《おお》きいコップ
- ほう和食塩水《わしょくえんすい》、水《みず》
- 食紅《しょくべに》をといた水《みず》
- 卵《たまご》

やりかた

1. ほう和食塩水《わしょくえんすい》をつくる。
2. コップにほう和食塩水《わしょくえんすい》を半分《はんぶん》まで入《い》れる。
3. ほう和食塩水《わしょくえんすい》の上《うえ》に水《みず》をゆっくりとそそぐ。

ポイント

液体《えきたい》が混《ま》じりあわないようにゆっくりそそぐこと。

4. トングで卵《たまご》を静《しず》かに入《い》れる。

5. 食紅《しょくべに》をといた水《みず》を静《しず》かに上《うえ》から少《すこ》しずつ入《い》れて、色《いろ》をつける。

先生《せんせい》アドバイス

卵《たまご》は水《みず》にしずむけれど、こい食塩水《しょくえんすい》にはうく。これは、卵《たまご》の比重《ひじゅう》が水《みず》よりも大《おお》きく、ほう和食塩水《わしょくえんすい》よりも小《ちい》さいからだ。食紅《しょくべに》を入《い》れると、ほう和《わ》食塩水《しょくえんすい》と水《みず》の境《さかい》がはっきり見《み》えるよ。

ゴミ拾《ひろ》いで見《み》つけた実験《じっけん》の材料《ざいりょう》

だんだん元気《げんき》になるタロ。川《かわ》に落《お》ちているゴミを集《あつ》めることに……。

うひょポイントのかいせつ

うひょ16 おいしく楽《たの》しくBBQ！

BBQ（バーベキュー）、楽《たの》しいですね！　でもお肉《にく》はよく焼《や》くこと。食中毒《しょくちゅうどく》になったらせっかくのBBQが台無《だいな》し。

食中毒《しょくちゅうどく》の原因《げんいん》はさまざまですが、細菌《さいきん》とウイルスによるものがほとんどです。特《とく》に多《おお》いのが、カンピロバクター、サルモネラ、ノロウイルスによる食中毒《しょくちゅうどく》です。カンピロバクターは、少《すく》ない菌量《きんりょう》でも発症《はっしょう》するのが特徴《とくちょう》です。鶏《にわとり》や牛《うし》などあらゆる動物《どうぶつ》にいますが、乾燥《かんそう》や熱《ねつ》に弱《よわ》い菌《きん》です。生《なま》や加熱不十分《かねつふじゅうぶん》な鶏肉《とりにく》や牛《ぎゅう》レバーなどで発症《はっしょう》します。サルモネラは、自然界《しぜんかい》に広《ひろ》く生息《せいそく》しており、ペットからの感染《かんせん》もあります。低温《ていおん》や乾燥《かんそう》に強《つよ》いので冷蔵庫《れいぞうこ》でも増《ふ》えますが、熱《ねつ》には弱《よわ》い菌《きん》です。鶏卵《けいらん》や肉《にく》などが原因《げんいん》となります。これらの食中毒《しょくちゅうどく》は、食品中《しょくひんちゅう》で増殖《ぞうしょく》した細菌《さいきん》を食《た》べることで発症《はっしょう》します（感染型食中毒《かんせんがたしょくちゅうどく》）。ノロウイルスは、細菌《さいきん》よりもずっと小《ちい》さく食品《しょくひん》の中《なか》では増《ふ》えません。私《わたし》たちの腸管内《ちょうかんない》で増《ふ》えるのです。汚染《おせん》された二枚貝《にまいがい》や、ウイルスを持《も》った人《ひと》（保菌者《ほきんしゃ》）が調理《ちょうり》した食品《しょくひん》が原因《げんいん》となります。人《ひと》から感染《かんせん》することもあります。また、増殖《ぞうしょく》した細菌《さいきん》が出《だ》す毒素《どくそ》が食中《しょくちゅう》

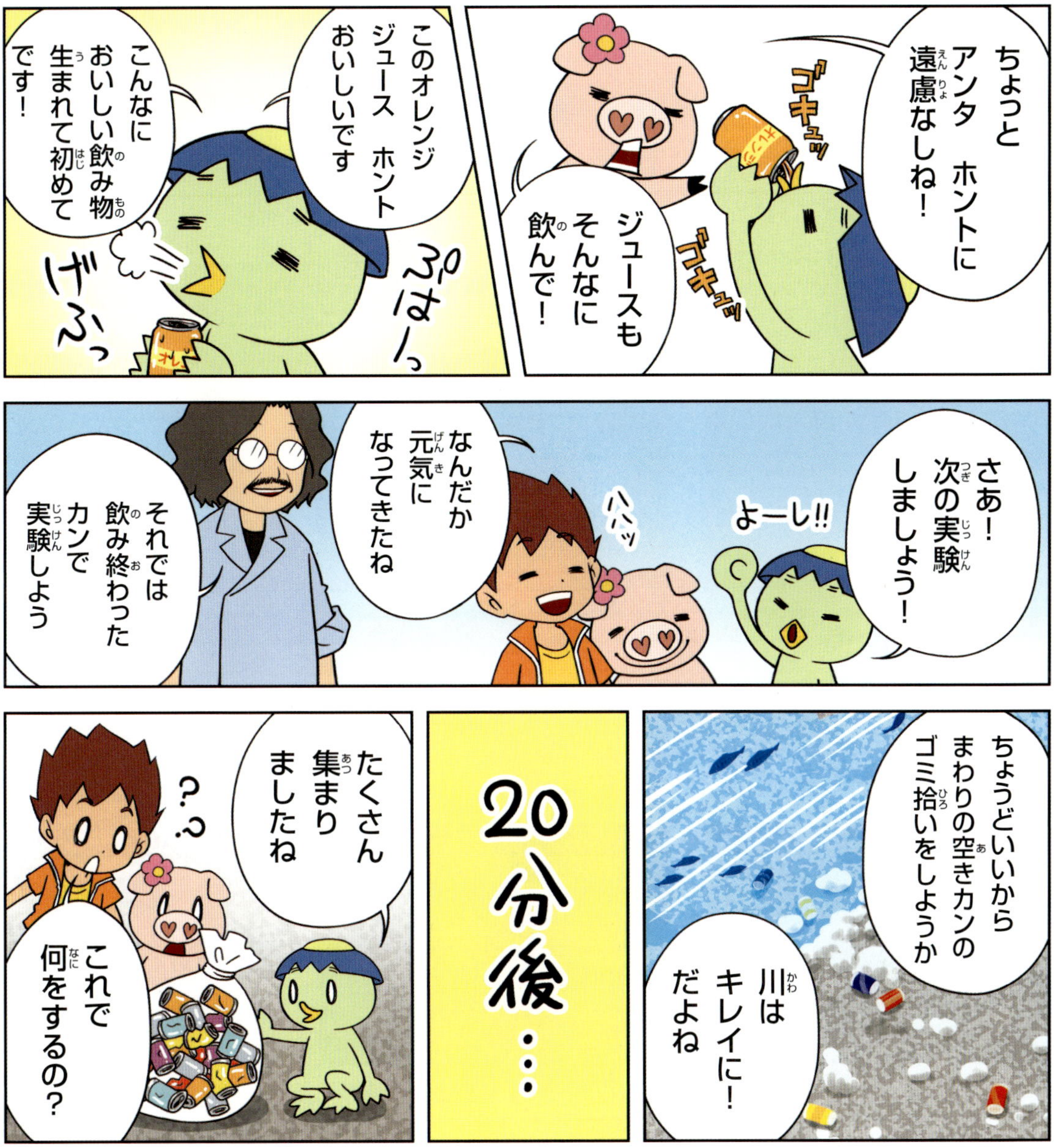

毒《どく》をおこすこともあります（毒素型食中《どくそがたしょくちゅう》毒《どく》）。黄色《きいろ》ブドウ球菌《きゅうきん》は、人《ひと》の鼻《はな》や傷口《きずぐち》などにいる菌《きん》です。その毒素《どくそ》（エンテロトキシン）は熱《ねつ》に強《つよ》いので、つけないことが大切《たいせつ》。手《て》に傷《きず》があるときは十分注意《じゅうぶんちゅうい》しましょう。

でも、そんなに心配《しんぱい》しなくても大丈夫《だいじょうぶ》。多《おお》くの食中毒《しょくちゅうどく》は、食中毒防止《しょくちゅうどくぼうし》の三原則《さんげんそく》を守《まも》れば防《ふせ》げます。「菌《きん》をつけない（清潔《せいけつ》、洗浄《せんじょう》）、増《ふ》やさない（低温保存《ていおんほぞん》）、やっつける（加熱処理《かねつしょり》）」です。クーラーボックスは冷蔵庫《れいぞうこ》とは違《ちが》います。ワイワイ楽《たの》しく焼《や》いていると、ついつい生焼《なまや》けで食《た》べてしまうかもしれません。しっかり焼《や》いて、おいしく楽《たの》しくBBQ！

食中毒予防《しょくちゅうどくよぼう》の三原則《さんげんそく》は「菌《きん》をつけない（清潔《せいけつ》、洗浄《せんじょう》）、増《ふ》やさない（低温保存《ていおんほぞん》）、やっつける（加熱処理《かねつしょり》）」。

こわがりタロを一人《ひとり》立《だ》ちさせるための実験《じっけん》　その③

ぺちゃんこアルミカン

水《みず》とカセットコンロで、アルミカンがいっしゅんでつぶれる!?

つかうもの

1 水《みず》の入《はい》ったボウルとトングを用意《ようい》

ボウルに水《みず》を８分目《ぶんめ》まで入《い》れる。

2 アルミカンに水《みず》を入《い》れる

アルミカンの中《なか》に2mLほどの水《みず》をスポイトで入《い》れる。

3 アルミカンを火《ひ》にかける

カセットコンロにアルミカンをのせて、火《ひ》をつける。

4 ふっとうさせる

ふっとうして水蒸気《すいじょうき》が出《で》てきたら、５秒数《びょうかぞ》える。

5 トングでつかむ

トングは写真《しゃしん》のように、さか手《て》で持《も》つこと。

6 水《みず》につける

アルミカンを水面《すいめん》にさかさまに入《い》れる。カンはまっすぐに水《みず》につけよう。あせらなくてもだいじょうぶ。

むずかしさ

★★★　★★　★

かかる時間《じかん》

10分

⚠ 火《ひ》を使《つか》う実験《じっけん》なので、保護者《ほごしゃ》といっしょに行《おこな》うこと！　大《おお》きな音《おと》が出《で》ることがあるよ。
家庭用《かていよう》のコンロでは、カンの塗装《とそう》が焼《や》けてけむりとにおいが出《で》ることがあるよ。

実験用ガスコンロ

パンッと音《おと》を立《た》てて、水《みず》しぶきをあげ、
アルミカンはぺちゃんこになる。

つぶそうとして
いないのに、
つぶれちゃった!

なんでこうなる?

どうしてカンはつぶれちゃうの?

空気《くうき》の重《おも》さ（大気圧《たいきあつ》）でおしつぶされたんだ

大気圧《たいきあつ》は1 cm^2に約《やく》1kgずつかかっている。だから、カンの表面《ひょうめん》には300kg以上《いじょう》の重《おも》さがかかっているんだ。このときカンの中《なか》にも空気《くうき》あり、同《おな》じ力《ちから》でおしているので、カンはつぶれない。ところが、カンの中《なか》でふっとうした水《みず》は水蒸気《すいじょうき》となって、ふくらむので、中《なか》の空気《くうき》をおい出《だ》してしまう。カンの口《くち》が水《みず》でふさがれると、ふくらんだ水蒸気《すいじょうき》が一気《いっき》に冷《ひ》やされて縮《ちぢ》む。中《なか》からおす空気《くうき》もなくなっているので、カンは大気圧《たいきあつ》でつぶれてしまうんだ。

ぺちゃんこアルミカン　応用《おうよう》①

下《した》じきパワー ペラペラなのに力《ちから》持《も》ち

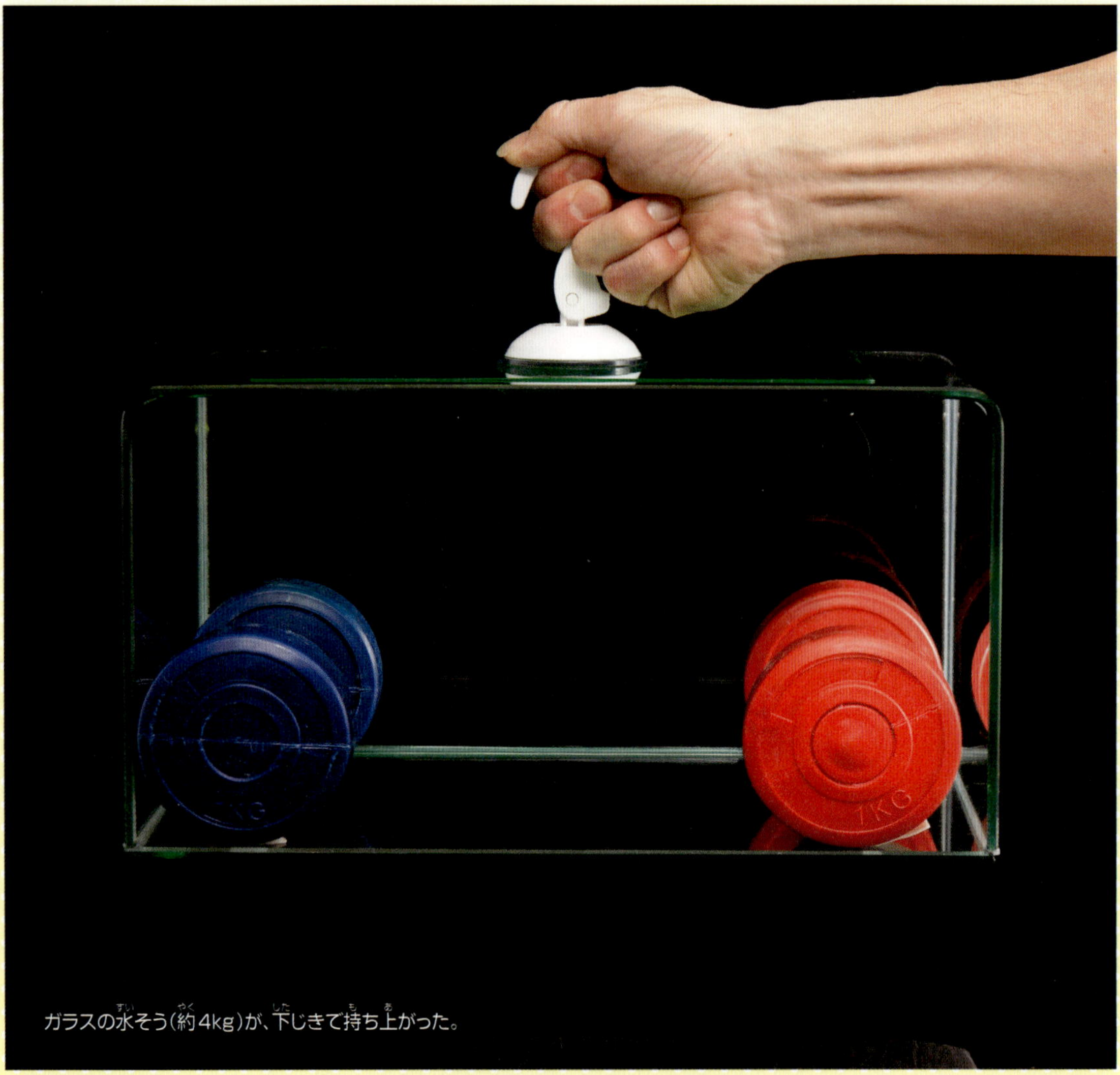

ガラスの水《すい》そう(約《やく》4kg)が、下《した》じきで持《も》ち上《あ》がった。

つかうもの

- 下《した》じき（B5サイズ）
- 吸引《きゅういん》フック
- ガラスの水《すい》そう
- ダンベル1kg 2こ

やりかた

1. 下《した》じきに吸引《きゅういん》フックをつける(取《と》っ手《て》)。
2. 水《すい》そうに動《うご》かないようにダンベルを固定《こてい》する。
3. 下《した》じきを水《すい》そうの上《うえ》に乗《の》せる。

4. かたむかないように、ゆっくりと持《も》ち上《あ》げる。

先生《せんせい》アドバイス

下《した》じき（B5）の面積《めんせき》は、だいたい18cm×25cm＝450cm²だ。だから、約《やく》450kgの力《ちから》で下《した》じきが水《すい》そうにおしつけられていることになる。だから4kgくらいなら楽々《らくらく》だね! でも、ちょっとかたむくと下《した》じきがすべってはずれてしまうから、十分《じゅうぶん》注意《ちゅうい》してね。

ぺちゃんこアルミカン　応用《おうよう》②

さかさにしてもこぼれない水《みず》

底《そこ》があみでも、水《みず》はこぼれない。

つかうもの

- コップ
- アク取《と》りあみ
- 水《みず》

やりかた

1. コップにアク取《と》りあみを乗《の》せる。
2. アク取《と》りあみの上《うえ》から、水《みず》をコップいっぱいまで入《い》れる。
3. アク取《と》りあみがはずれないように手《て》をそえて、気《き》をつけて一気《いっき》にひっくりかえす。

4. そっと手《て》をはなす。

先生《せんせい》アドバイス

水《みず》には表面張力《ひょうめんちょうりょく》という、水《みず》どうしがひっぱりあう性質《せいしつ》がある。この実験《じっけん》では、あみのすき間《ま》から出《で》そうになる水《みず》を周《まわ》りの水《みず》がひっぱっているんだ。そして、下《した》からは「大気圧《たいきあつ》」が、あみをおさえつけているから水《みず》は落《お》ちないんだね。

夢《ゆめ》いっぱいの実験《じっけん》でなぐさめよう

傷《きず》つきやすいタロ。キャサリンがフォローをすることに……。

うひょポイントのかいせつ

うひょ 17 音《おと》が聞《き》こえるわけ

口《くち》に紙《かみ》を当《あ》てて声《こえ》を出《だ》すと、紙《かみ》がふるえるのがわかります。音《おと》が出《で》るとき、物体《ぶったい》は振動《しんどう》するのです。振動《しんどう》は空気《くうき》を伝《つた》わり、耳《みみ》へと届《とど》きます。耳《みみ》は音《おと》を集《あつ》めやすいように、広《ひろ》がった形《かたち》をしています（外耳《がいじ》）。小《ちい》さな音《おと》を聞《き》くときに、耳《みみ》の後《うし》ろに手《て》をあてるのも、草食動《そうしょくどう》物《ぶつ》が大きな耳《みみ》をレーダーのように動《うご》かすのも、音《おと》を集《あつ》めているのです。耳《みみ》に集《あつ》められた空気《くうき》の振動《しんどう》はおくにある鼓膜《こまく》をふるわせます（中耳《ちゅうじ》）。鼓膜《こまく》のふるえは、耳小骨《じしょうこつ》という三個《さんこ》の小《ちい》さな骨《ほね》で増幅《ぞうふく》され、カタツムリのような形《かたち》のうずまき管《かん》に伝《つた》えられます（内耳《ないじ》）。

音《おと》の振動《しんどう》を伝《つた》えるのは、空気《くうき》ばかりではありません。水《みず》の中《なか》でも音《おと》は聞《き》こえます。糸《いと》電話《でんわ》は、音《おと》は糸《いと》で伝《つた》えられています。両耳《りょうみみ》をふさいで口《くち》を閉《と》じ、「んー」と声《こえ》を出《だ》してみてください。自分《じぶん》の声《こえ》が中《なか》のほうから聞《き》こえます。空気《くうき》の振動《しんどう》が耳《みみ》から入《はい》って、鼓膜《こまく》をふるわせたのではありません。私《わたし》たちは、空《くう》気《き》の振動《しんどう》で鼓膜《こまく》をふるわせる（気導聴力《きどうちょうりょく》）他《ほか》に、もうひとつの「聞《き》く」方法《ほうほう》を持《も》っているのです。音《おと》の振動《しんどう》を、あごや頭蓋骨《ずがいこつ》などの骨《ほね》を通《つう》じて内耳《ないじ》で感《かん》じ取《と》り、脳《のう》に音《おと》を伝達《でんたつ》

する経路《けいろ》です。これを骨導聴力《こつどうちょうりょく》（骨伝導《こつでんどう》）といいます。私《わたし》たちは、普段自分《ふだんじぶん》の声《こえ》を骨伝導《こつでんどう》と合《あ》わせて聞《き》いています。録音《ろくおん》された自分《じぶん》の声《こえ》を聞《き》くと、なぜだかヘンに聞《き》こえるのは、耳《みみ》からだけの声《こえ》を聞《き》いているからです。とちゅうで聴力《ちょうりょく》を失《うしな》ったベートーヴェンは、くわえた指揮棒《しきぼう》をピアノに押《お》しつけて音《おと》を聞《き》き、作曲《さっきょく》をしたといわれています。クジラは、深《ふか》くまで潜《もぐ》るので水圧《すいあつ》から守《まも》るために、聴覚器官《ちょうかくきかん》を体内《たいない》に持《も》っていて、骨伝導《こつでんどう》で音《おと》を捉《とら》えています。骨伝導《こつでんどう》は補聴器《ほちょうき》や、耳《みみ》を塞《ふさ》がないイヤホンとして利用《りよう》されています。

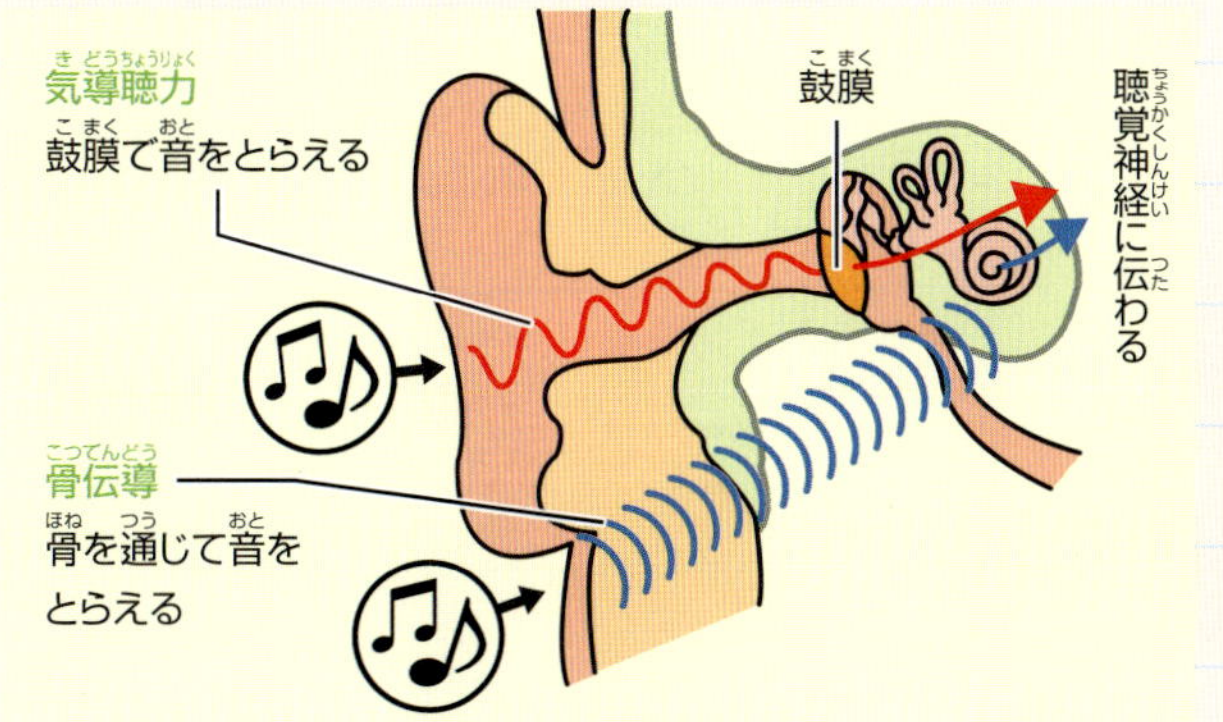

気導聴力《きどうちょうりょく》は、空気《くうき》の振動《しんどう》で鼓膜《こまく》をふるわせて音《おと》を聞《き》き取《と》り、骨伝導《こつでんどう》は、骨《ほね》を通《つう》じて内耳《ないじ》で感《かん》じ取《と》り、脳《のう》に音《おと》を伝達《でんたつ》しています。

こわがりタロを一人《ひとり》立《だ》ちさせるための実験《じっけん》 その④

レインボーハンター

ダンボールの中《なか》に虹《にじ》をつかまえよう!

むずかしさ

★★★ ★★ ★

かかる時間《じかん》

30分

つかうもの

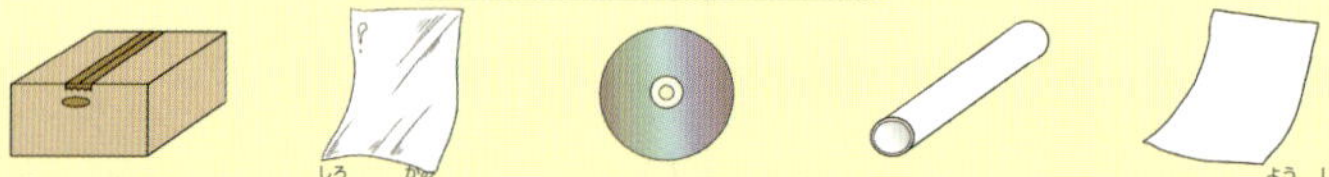

- ダンボール（ミカン箱《ばこ》くらいの大《おお》きさ）
- 白《しろ》い紙《かみ》（カレンダーの裏側《うらがわ》など）
- いらなくなったCD
- トイレットペーパーやラップのしん
- コピー用紙《ようし》
- カッター、ハサミ、両面《りょうめん》テープ、のり（スプレーのりが便利《べんり》）、コンパス、定規《じょうぎ》などの文房具《ぶんぼうぐ》

1 中心《ちゅうしん》を決《き》め、内側《うちがわ》にスクリーンをはる

ダンボールの広《ひろ》い面《めん》に対角線《たいかくせん》をひき、中心《ちゅうしん》を決《き》める。反対側《はんたいがわ》も同《おな》じように。内側《うちがわ》に白《しろ》い紙《かみ》をはる。

2 集光口《しゅうこうぐち》を開《あ》ける

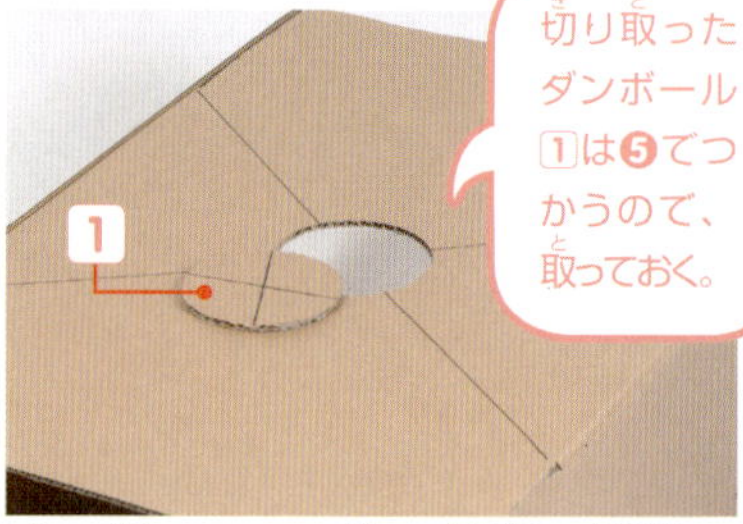

切《き》り取《と》ったダンボール1は❺でつかうので、取《と》っておく。

白《しろ》い紙《かみ》をはった面《めん》の外側《そとがわ》の中心《ちゅうしん》にカッターで半径《はんけい》4cmの穴《あな》を開《あ》ける。

3 観察窓《かんさつまど》を開《あ》ける

写真《しゃしん》の位置《いち》にCDを置《お》き、中心《ちゅうしん》にキリで穴《あな》を開《あ》ける。

スクリーンの反対側《はんたいがわ》に半径《はんけい》4cmの観《かん》察窓《さつまど》を開《あ》ける。内側《うちがわ》にはるCDと重《かさ》ならないようにはなして切る。

4 CDをはりつける

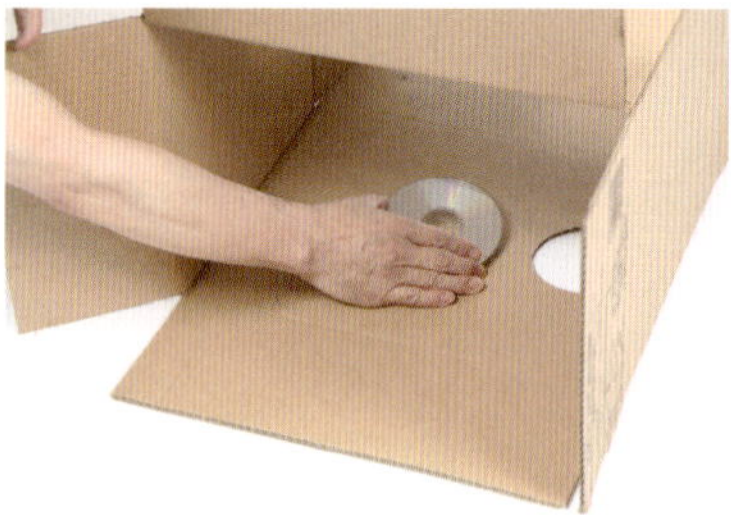

キリの穴《あな》を中心《ちゅうしん》に、CDのキラキラした面《めん》を上《うえ》にして、両面《りょうめん》テープではりつける。

5 照準器《しょうじゅんき》をつくる

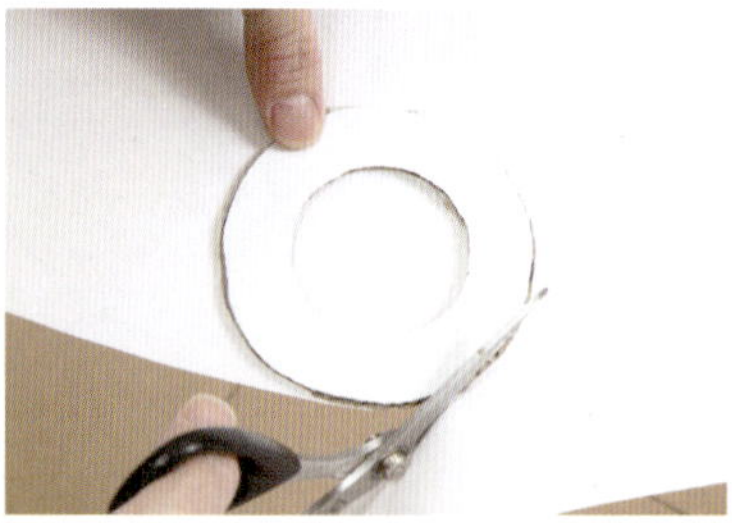

❷でできた1に、半径《はんけい》2.5cmの円《えん》を開《あ》ける。これをコピー用紙《ようし》にはって余《よ》分《ぶん》を切《き》り取《と》り、照準器《しょうじゅんき》にする。

6 照準器《しょうじゅんき》をつける

観察窓《かんさつまど》の中心とダンボールの中心を結んだ線上に、照準器とトイレットペーパーのしんをはりつける。

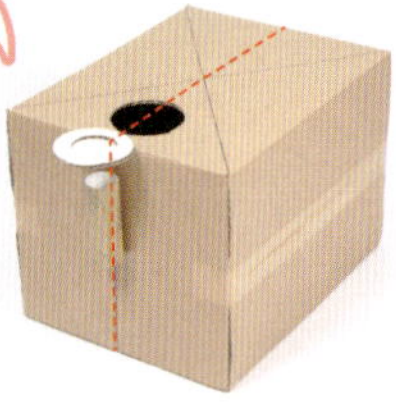

照準器《しょうじゅんき》とトイレットペーパーのしんを写真《しゃしん》の位置《いち》に、両面《りょうめん》テープではりつける。

! 太陽《たいよう》を直接《ちょくせつ》見《み》ると、目《め》をいためるので危険《きけん》だ。でも、照準《しょうじゅん》がしっかり合《あ》っていれば観察《かんさつ》まどから直接太陽《ちょくせつたいよう》を見《み》ることはないので、だいじょうぶだよ。

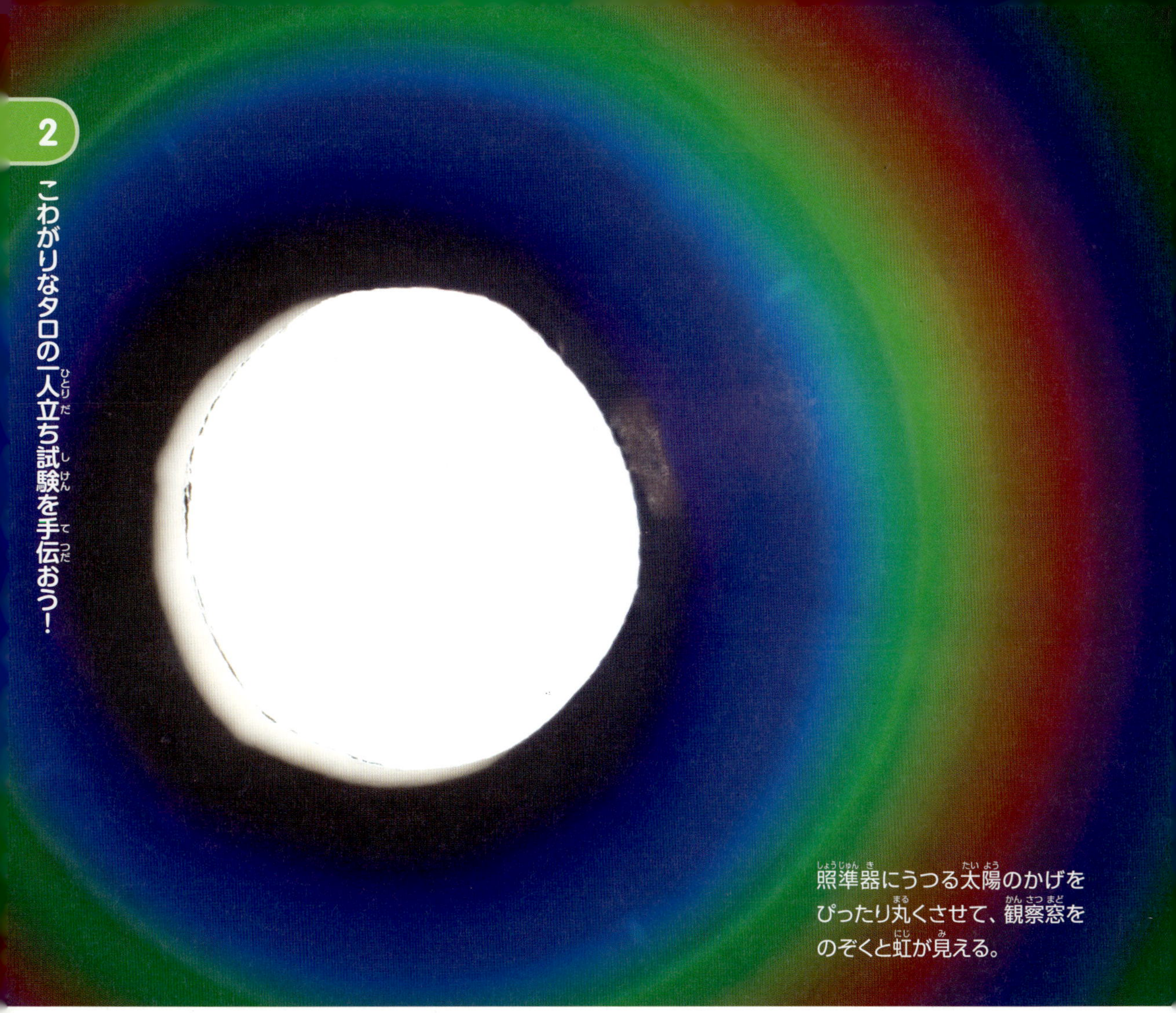

照準器《しょうじゅんき》にうつる太陽《たいよう》のかげをぴったり丸《まる》くさせて、観察窓《かんさつまど》をのぞくと虹《にじ》が見《み》える。

なんでこうなる？

どうしてCDで虹《にじ》ができたの？

太陽《たいよう》の光《ひかり》が CD に反射《はんしゃ》したときに、色《いろ》ごとにわかれたからだよ

CDには、情報《じょうほう》を記録《きろく》するためのピットという、とても小《ちい》さな線《せん》がたくさんある。キラキラしたCDの表面《ひょうめん》は、本当《ほんとう》はこの細《ほそ》い線《せん》のような鏡《かがみ》がたくさん集《あつ》まったものだったんだ。この細《ほそ》い線《せん》の鏡《かがみ》で反射《はんしゃ》した光《ひかり》は、「干渉《かんしょう》」という現象《げんしょう》で色《いろ》ごとにわかれる。だから虹色《にじいろ》に見《え》えるんだよ。

太陽《たいよう》のかげがずれている状《じょう》態《たい》。これでは虹《にじ》は見《み》えない。

太陽《たいよう》のかげがぴったり丸《まる》くなっている状態《じょうたい》。これが虹《にじ》が見《み》える位置《いち》。

レインボーハンター　応用《おうよう》①

レインボースクリーン

ビーズにキラキラかがやく虹《にじ》ができる。

実際《じっさい》の虹《にじ》の写真《しゃしん》

つかうもの

- 虹実験用《にじじっけんよう》ビーズ
- 黒《くろ》いもぞう紙《し》
- スプレーのり

やりかた

1. 黒《くろ》いもぞう紙《し》のはしを3cmくらい内側《うちがわ》に折《お》る。
2. スプレーのりを、まんべんなくふきつける。
3. 虹実験用《にじじっけんよう》ビーズをもぞう紙《し》の上《うえ》にまんべんなくまいて、全体《ぜんたい》に広《ひろ》げてつける。
4. 太陽《たいよう》があたっている場所《ばしょ》におく。
5. 太陽《たいよう》を背《せ》にして観察《かんさつ》する。

先生《せんせい》アドバイス

虹実験用《にじじっけんよう》ビーズは、空《そら》の水《すい》てきの代《か》わりになっているんだ。だから空《そら》に虹《にじ》ができるように、もぞう紙《し》の上《うえ》にも虹《にじ》ができたんだね。虹《にじ》の色《いろ》は7色《いろ》というけれど世界《せかい》の国々《くにぐに》では、虹《にじ》は5色《しょく》や6色《しょく》といわれることもある。君《きみ》には何色《なんしょく》に見《み》えるかな?

レインボーハンター 応用《おうよう》②

偏光板《へんこうばん》ステンドグラス

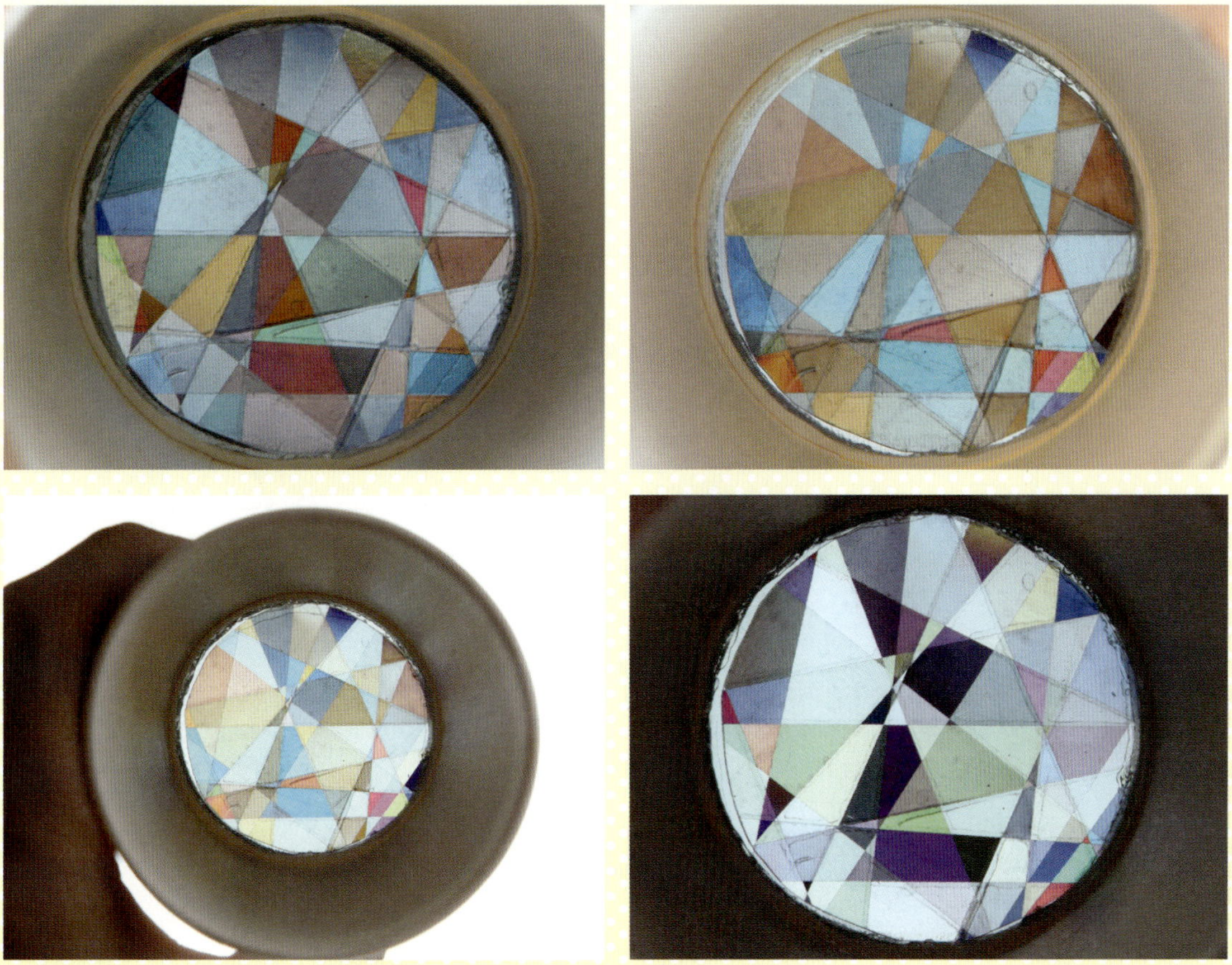

ステンドグラスのように、まわすと万華鏡《まんげきょう》のように色《いろ》が変《か》わる。

つかうもの

- 偏光板《へんこうばん》(約《やく》6×6cm)2枚《まい》
- 紙《かみ》コップ 2個《こ》
- カッター
- セロハンテープ
- ハサミ
- 接着《せっちゃく》ざい

やりかた

1 紙《かみ》コップの底《そこ》をカッターで切《き》り取《と》る(切《き》り取《と》った底《そこ》はとっておく)。

2 紙《かみ》コップの底《そこ》に接着《せっちゃく》ざいをつけて、ほごフィルムをはがした偏光《へんこう》板《ばん》をはる。

ポイント
ほごフィルムはとっておく。

3 ❷がかわいたら、紙《かみ》コップからはみ出《で》た偏光板《へんこうばん》を切《き》り取《と》る。これを2個《こ》つくる。

4 ほごフィルムにセロハンテープをたくさんはり、❶で切《き》り取《と》った底《そこ》に合《あ》わせて切《き》る。

5 2個《こ》のコップの間《あいだ》に❹をはさむ。

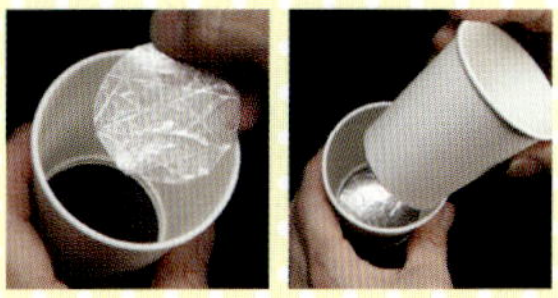

先生《せんせい》アドバイス

2枚《まい》の偏光板《へんこうばん》ではさむと、透明《とうめい》なほごフィルムからふしぎな色《いろ》がうかびあがってくる。プラスチックのスプーンや卵《たまご》のパックなどもためしてごらん!

みんなの力《ちから》で虹《にじ》色《いろ》をつくろう

たまってきたオドロキ玉《だま》。タロのお皿《さら》が光《ひか》りはじめる……。

うひょポイントのかいせつ

うひょ 18 タロのお皿《さら》が光《ひか》るわけ?

光《ひかり》を出《だ》す生《い》き物《もの》（発光生物《はっこうせいぶつ》）はたくさんいます。よく知《し》られているのはホタルです。初夏《しょか》になると、メスとオスがお互《たが》いに光《ひか》るリズムを合《あ》わせながら相手《あいて》を探《さが》します。普通《ふつう》、光《ひかり》を出《だ》すものは熱《あつ》くなるものが多《おお》いのですが（代表的《だいひょうてき》なのは炎《ほのお》）、発光生物《はっこうせいぶつ》の光《ひかり》は熱《ねつ》を出《だ》しません。そのことから、冷《つめ》たい光《ひかり》、「冷光《れいこう》」と呼《よ》ばれています。

波間《なみま》に漂《ただよ》うウミホタルの光《ひかり》は幻想的《げんそうてき》でとても美《うつく》しいです。深海《しんかい》に住《す》むチョウチンアンコウは、口《くち》の前《まえ》にぶら下《さ》げた突起《とっき》から発光《はっこう》液《えき》を出《だ》して小魚《こざかな》をおびき寄《よ》せます。ある深《しん》海魚《かいぎょ》は、お腹《なか》についている発光器《はっこうき》を水面《すいめん》からの光《ひかり》と同《おな》じくらいに光《ひか》らせて自分《じぶん》のかげを消《け》します（カウンターイルミネーション）。これらの生物《せいぶつ》の発光《はっこう》は、「ルシフェリン」という発光《はっこう》のもとになる物質《ぶっしつ》（発光基質《はっこうきしつ》）が「ルシフェラーゼ」という発光反応酵素《はっこうはんのうこうそ》に触媒《しょくばい》される（強力《きょうりょく》におし進《すす》められる）ことで起《お》こります（ルシフェリン・ルシフェラーゼ反応《はんのう》）。

まったく違《ちが》う仕組《しく》みで光《ひか》る生《い》き物《もの》もいます。１９６０年代《ねんだい》、下村脩《しもむらおさむ》博士《はかせ》は、オワンクラゲの発光《はっこう》を研究《けんきゅう》している中《なか》で、ある発光《はっこう》タ

ンパク質《しつ》と結《むす》びついて緑色《みどりいろ》に光《ひか》る蛍光《けいこう》タンパク質《しつ》を発見《はっけん》しました。これが、「イクオリン（発光《はっこう》タンパク質《しつ》）」と「GFP（緑色蛍光《りょくしょくけいこう》タンパク質《しつ》）」です。GFPは、イクオリンなしでも紫外線《しがいせん》や青色《あおいろ》の光《ひかり》を当《あ》てると光《ひか》ります。なにより、GFPの発見《はっけん》により、それまで生《い》きた細胞《さいぼう》では調《しら》べることができなかったタンパク質《しつ》を、細胞《さいぼう》を傷《きず》つけることなく調《しら》べることが可能《かのう》になったのです。GFPは、医《い》学《がく》・生物学《せいぶつがく》の研究分野《けんきゅうぶんや》の発展《はってん》に大《おお》きな貢献《こうけん》をしています。この業績《ぎょうせき》で下村博士《しもむらはかせ》は、2008年《ねん》にノーベル賞《しょう》を受賞《じゅしょう》しました。

ところで、タロのお皿《さら》が光《ひか》るのはどういう仕組《しく》みなんでしょう？　気《き》になりますね。

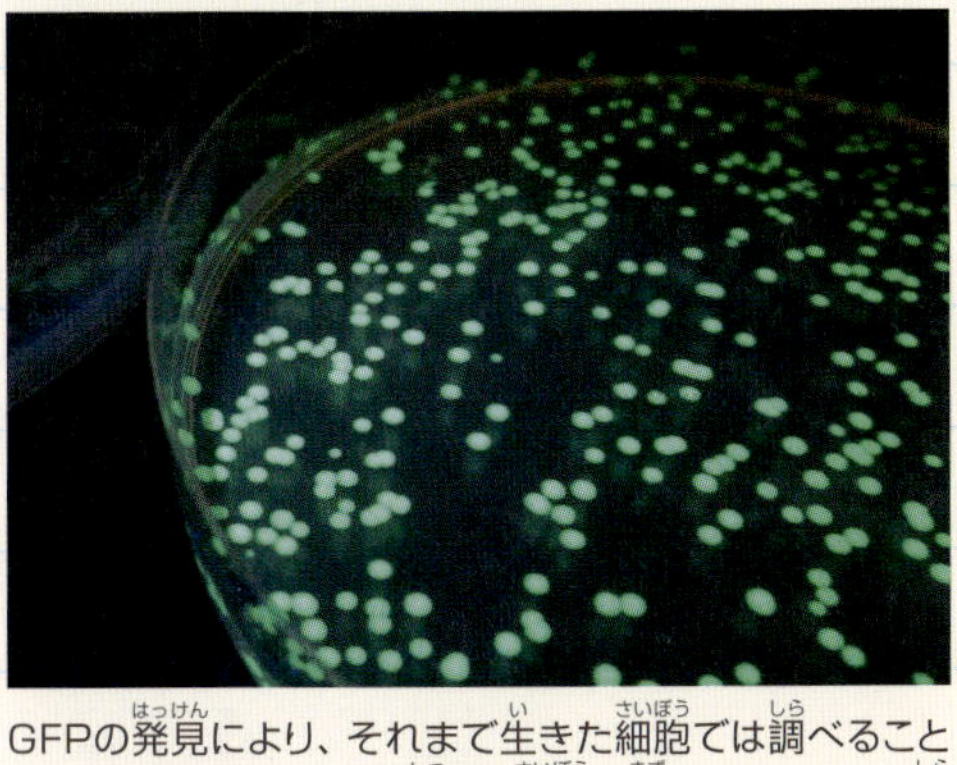

GFPの発見《はっけん》により、それまで生《い》きた細胞《さいぼう》では調《しら》べることができなかったタンパク質《しつ》を、細胞《さいぼう》を傷《きず》つけることなく調《しら》べられるようになりました。

こわがりタロを一人《ひと》立《だ》ちさせるための実験《じっけん》 その⑤

レインボーシャワー

色《いろ》水《みず》シャワーで、カラフルな水《みず》たまりができる!?

むずかしさ

★★★ ★★ ★

かかる時間《じかん》

45分

つかうもの

●ペットボトル
(炭酸飲料用《たんさんいんりょうよう》3本《ほん》)

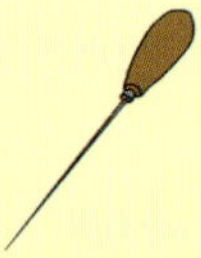

●キリ

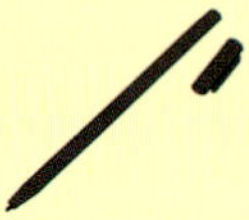

●黒《くろ》いペン

●セロハンテープ

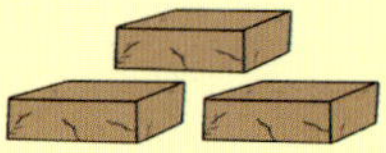

●レンガ3個《こ》
(ブロックやバケツでもよい)

●白《しろ》い容器《ようき》
(ペットボトルの水《みず》が全部《ぜんぶ》入《はい》るくらいの大《おお》きさ)

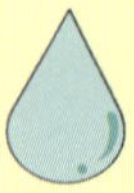

●水《みず》

●食紅《しょくべに》
(赤《あか》、青《あお》、黄色《きいろ》)

1 ペットボトルに穴《あな》を開《あ》ける

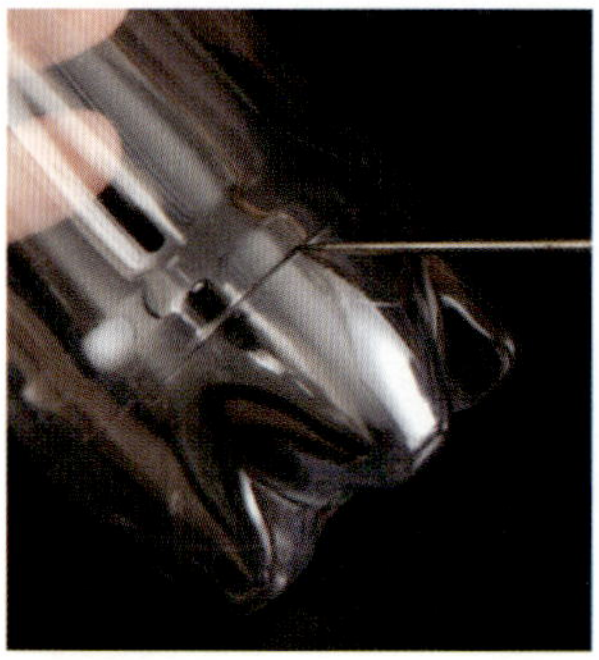

ペットボトルは、底《そこ》に5つの足《あし》がついた炭酸飲料用《たんさんいんりょうよう》のペットボトルを使《つか》う。写真《しゃしん》の位置《いち》に、キリで穴《あな》を開《あ》ける。

2 両《りょう》どなりにも穴《あな》を開《あ》ける

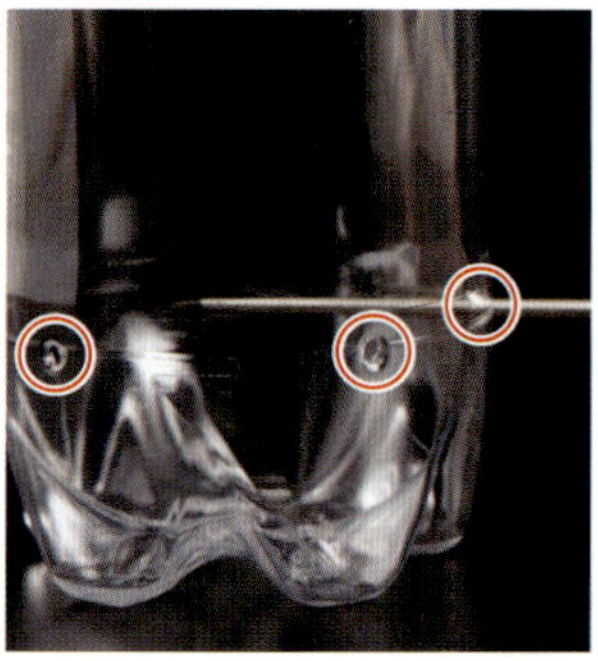

両《りょう》どなりの同《おな》じ高《たか》さに、穴《あな》を開《あ》ける。全部《ぜんぶ》で3か所《しょ》。

3 中心《ちゅうしん》の穴《あな》に印《しるし》をつける

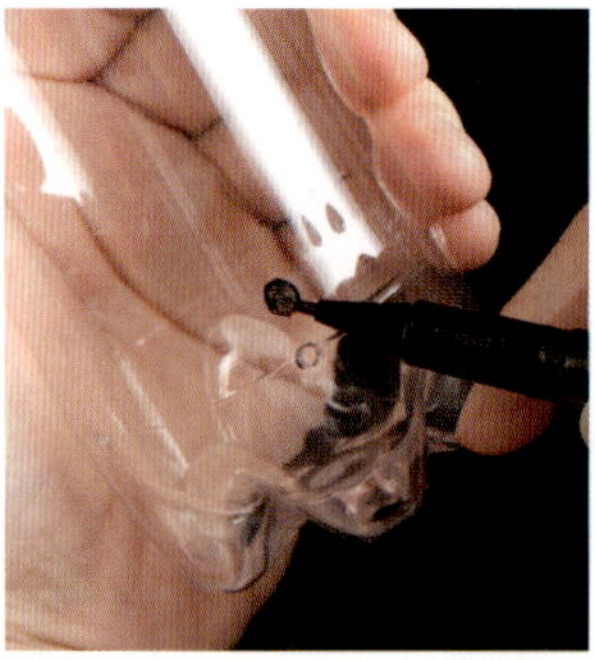

3つの穴《あな》のまん中《なか》の穴《あな》の上《うえ》に黒《くろ》いペンで印《しるし》をつける。

4 穴《あな》をテープでふさぐ

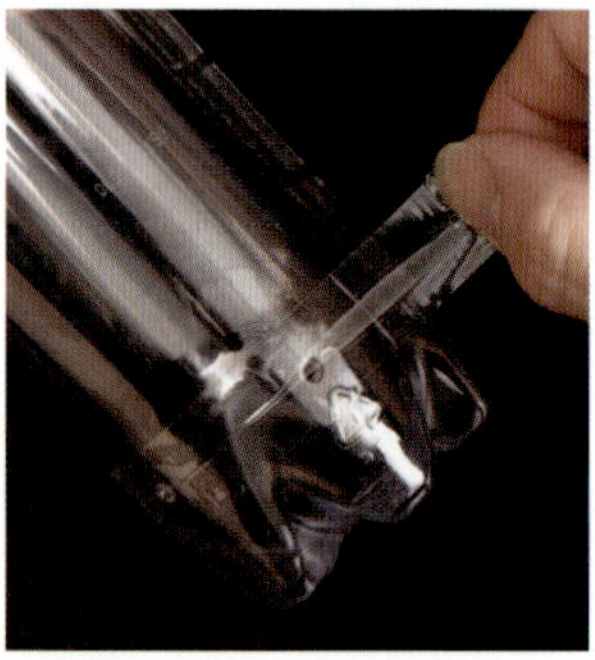

水《みず》がもれないように、セロハンテープで3つの穴《あな》をふさぐ。

コツ 3人《にん》でいっせいにキャップをゆるめる必要《ひつよう》があるので、実験《じっけん》は3人以上《にんいじょう》で行《おこな》うこと。どの色《いろ》を分担《ぶんたん》するかも、事前《じぜん》に話《はな》し合《あ》っておこう!

ポイント

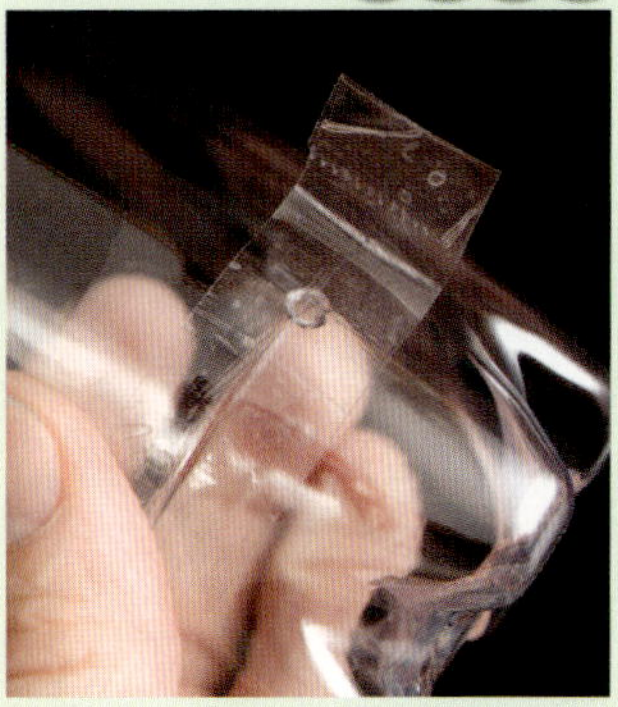

はがしやすいように、セロハンテープのはじっこには、折《お》りかえしをつける。

5 ペットボトルに水《みず》と食紅《しょくべに》を入《い》れる

水《みず》500mLに食紅《しょくべに》を少量《しょうりょう》入《い》れて、キャップをしてゆっくり混《ま》ぜる。セロハンテープがはがれないように、やさしくふる。

6 3食《しょく》の色水《いろみず》をつくる

赤《あか》、青《あお》、黄色《きいろ》の色《いろ》水《みず》を入《い》れたペットボトルを用意《ようい》する。

7 台《だい》を用意《ようい》する

レンガやブロックなどを並《なら》べて、台《だい》をつくる。バケツをひっくりかえして置《お》いてもOK。

8 ペットボトルをセットする

3本《ほん》のペットボトルを中心《ちゅうしん》の穴《あな》(黒《くろ》い印《しるし》)がきれいに三方向《さんほうこう》に向《む》くように台《だい》の上《うえ》にセットする。

9 容器《ようき》をセットする

中心《ちゅうしん》から色水《いろみず》が入《はい》る容器《ようき》と、となり同士《どうし》の色水《いろみず》が入《はい》る容器《ようき》がある。きちんと色水《いろみず》が入《はい》るように6この容器《ようき》をセットする。

10 セロハンテープをとる

3本《ほん》のペットボトルにつけた、セロハンテープをゆっくりはがす。

水《みず》は出《で》てこないよ。

11 キャップをゆるめる

3本《ほん》のペットボトルのキャップを3人《にん》でいっせいにゆるめる。

そうすると…

ペットボトルから、色水《いろみず》が出《で》て、
虹色《にじいろ》に水《みず》がたまる。

なんでこうなる?

ペットボトルに穴《あな》が開《あ》いていても、水《みず》が出《で》ないのはなぜ?

水《みず》と空気《くうき》がおし合《あ》って、動《うご》きが取《と》れなくなっているからなんだ

小《ちい》さな穴《あな》を開《あ》けたペットボトルに水《みず》を入《い》れても、フタをしていれば水《みず》は出《で》てこない。それは穴《あな》の外《そと》から水《みず》をおす力《ちから》と、ペットボトルの中《なか》の空気《くうき》が水《みず》をおす力《ちから》が同《おな》じになっているからなんだ。ペットボトルから水《みず》が出《で》ていくためには、上《うえ》からの空気《くうき》が入《はい》らなければならない。だから、キャップをゆるめると、すき間《ま》から空気《くうき》が入《はい》るので水《みず》が飛《と》び出《だ》すことができたんだよ。

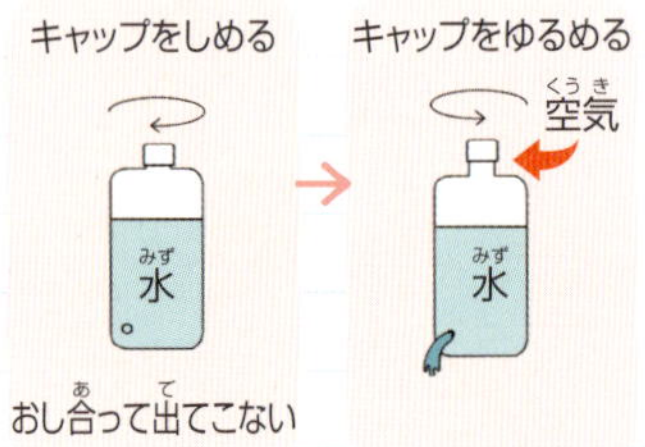

いろんな色《いろ》水《みず》をつくってみよう

ストローとティッシュをつかって、いろんな色水《いろみず》をつくってみよう。

【やりかた】

❶ ティッシュでこよりをつくり、ストロー全体《ぜんたい》にとおしておく。
❷ 背《せ》の高《たか》いコップに、食紅《しょくべに》で色水《いろみず》（赤《あか》・青《あお》・黄色《きいろ》）をつくる。
❸ 背《せ》の低《ひく》いコップの右《みぎ》と左《ひだり》に、別々《べつべつ》の色水《いろみず》が入《はい》ったグラスを置《お》く。
❹ ストローをへの字《じ》に折《お》って、短《みじか》いほうを背《せ》の高《たか》いコップに、長《なが》いほうを背《せ》の低《ひく》いコップに入《い》れる。
❺ 水《みず》が、ティッシュにひっぱられてストロー内《ない》を移動《いどう》し、背《せ》の低《ひく》いコップに流《なが》れる。

← 赤《あか》と青《あお》の色水《いろみず》からは、ムラサキ色《いろ》の色水《いろみず》ができる。赤《あか》の色水《いろみず》がこいと、赤《あか》ムラサキ色《いろ》になって、青《あお》の色水《いろみず》がこいと、紺色《こんいろ》になるよ。

↑ 青《あお》と黄色《きいろ》の色水《いろみず》からは、緑色《みどりいろ》の色水《いろみず》ができる。青《あお》の色水《いろみず》がこいと、こい緑色《みどりいろ》に、黄《き》の色水《いろみず》がこいと黄緑色《きみどりいろ》になるよ。

↑ 黄色《きいろ》と赤《あか》の色水《いろみず》からは、オレンジ色《いろ》の色水《いろみず》ができる。きれいなオレンジ色《いろ》を出《だ》すコツは、赤《あか》の色水《いろみず》をうすくつくること。

カッパのタロは大家族《だいかぞく》

無事合格《ぶじごうかく》したタロ。うれしそうに帰《かえ》っていったが……。

うひょポイントのかいせつ

うひょ19 月《つき》にはなん羽《わ》ウサギがいるの？

お月《つき》さまでは、ウサギがおもちをついているといわれます。日本《にっぽん》ではウサギですが、他《ほか》の国《くに》では、カニやライオン、女《おんな》の子《こ》だったりするそうです。ところで、ウサギのいないお月《つき》さまって、見《み》たことがありますか？

地球《ちきゅう》のまわりをまわる月《つき》は衛星《えいせい》と呼《よ》ばれます。月《つき》は地球《ちきゅう》のまわりをまわりながら（公《こう》転《てん》）、自分自身《じぶんじしん》も回転《かいてん》しています（自転《じてん》）。それなら、月《つき》の表面《ひょうめん》のいろいろな場所《ばしょ》を、地球《ちきゅう》から見《み》ることができるはずです。月《つき》にはなん羽《わ》もウサギがいるのでしょうか。そんなことはありません。実《じつ》は、私《わたし》たちはいつも同《おな》じ面《めん》を見《み》ているのです。それは月《つき》が自転《じてん》する時間《じかん》（自転周期《じてんしゅうき》）と、公転《こうてん》する時間《じかん》（公転周期《こうてんしゅうき》）が、まったく同《おな》じだからです。（約《やく》27日《にち》7時間《じかん》42分《ふん》）。実験《じっけん》してみましょう。回転椅子《かいてんいす》（地球《ちきゅう》）に、両手《りょうて》でボール（月《つき》）を持《も》って座《すわ》ります。そして、椅子《いす》を一回転《いっかいてん》します。ずっと、ボールの同《おな》じところが見《み》えていますね。

では、ボールを上《うえ》から見《み》てみましょう（図《ず》）。確《たし》かに一回転《いっかいてん》しています。このように、地球《ちきゅう》から月《つき》の裏側《うらがわ》を見《み》ることは絶対《ぜったい》にできません。月《つき》の裏側《うらがわ》は、１９５９年《ねん》にソ連《れん》（現在《げんざい》の

ロシア）の人工衛星《じんこうえいせい》が写真《しゃしん》を撮《と》ってくるまで長《なが》い間《あいだ》の謎《なぞ》だったのです。

月《つき》と地球《ちきゅう》とは比較的距離《ひかくてききょり》が近《ちか》いので、お互《たが》いに力《ちから》を及《およ》ぼし合《あ》っています。潮《しお》の満《み》ち引《ひ》きは、月《つき》の引力《いんりょく》が地球《ちきゅう》の海水《かいすい》にはたらくためです。地球《ちきゅう》の強《つよ》い引力《いんりょく》が月《つき》にはたらくと、月《つき》がほんの少《すこ》し細長《ほそなが》くのびます。月《つき》の自転《じてん》速度《そくど》がずれると、月《つき》に働《はたら》く地球《ちきゅう》の引力《いんりょく》がそれを打《う》ち消《け》すように働《はたら》き、月《つき》の自転周期《じてんしゅうき》が調節《ちょうせつ》されて公転周期《こうてんしゅうき》と同《おな》じになるのです。木星《もくせい》のガリレオ衛星《えいせい》や火星《かせい》のダイモス衛星《えいせい》など、ほぼすべての太陽系《たいようけい》の惑星《わくせい》と衛星《えいせい》の間《あいだ》で同《おな》じ現象《げんしょう》が見《み》られます。強《つよ》い絆《きずな》で結《むす》ばれても裏《うら》は見《み》せない。おもしろい関係《かんけい》ですね。

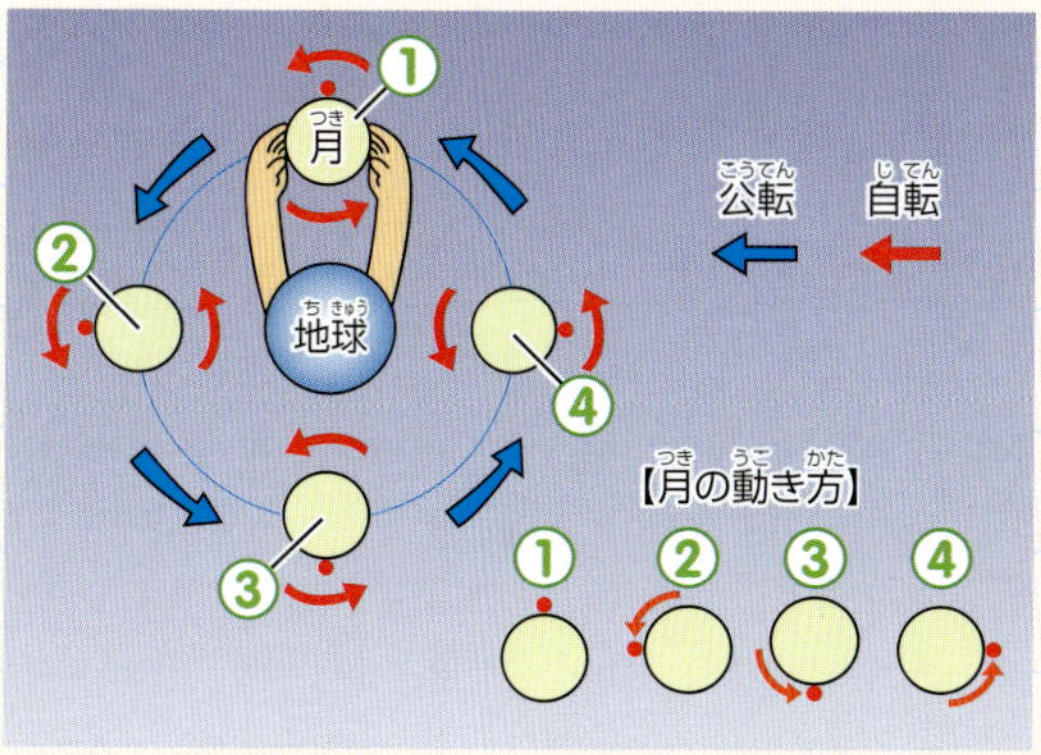

自転周期《じてんしゅうき》＝公転周期《こうてんしゅうき》なのでいつも同《おな》じところを見《み》せていることになります。

うひょポイントのかいせつ

うひょ20　目《め》は植物《しょくぶつ》からの贈《おく》り物《もの》?

私《わたし》たちの目《め》の前《まえ》に広《ひろ》がる世界《せかい》は、目《め》のレンズ（水晶体《すいしょうたい》）を通《とお》して脳《のう》に伝《つた》えられます。光《ひかり》の量《りょう》を調節《ちょうせつ》し、ピントを合《あ》わせて、明《あか》るくても暗《くら》くても、近《ちか》くても遠《とお》くても、ちゃんとものを見《み》ることができます。

眼球《がんきゅう》の外側《そとがわ》は、強膜《きょうまく》という、じょうぶな白《しろ》い膜《まく》です（白目《しろめ》）。内側《うちがわ》には明《あか》るさや色《いろ》を感《かん》じる網膜《もうまく》があり、硝子体《がらすたい》という透明《とうめい》の液体《えきたい》で満《み》たされています。強膜《きょうまく》と網膜《もうまく》の間《あいだ》には、脈絡膜《みゃくらくまく》という黒《くろ》い膜《まく》があります。暗幕《あんまく》としての役割《やくわり》とともに網膜《もうまく》の網膜《もうまく》に栄養《えいよう》をあたえています。赤《あか》ちゃんの白目《しろめ》が青《あお》っぽく見《み》えるのは、まだ強膜《きょうまく》が薄《うす》くて脈絡膜《みゃくらくまく》が透《す》けているからです。網膜《もうまく》には、役割《やくわり》の違《ちが》う二種類《にしゅるい》の細胞《さいぼう》があります。桿体細胞《かんたいさいぼう》は、弱《よわ》い光《ひかり》もびんかんに感《かん》じますが色《いろ》がわかりません。色《いろ》を感《かん》じる錐体細胞《すいたいさいぼう》は、明《あか》るくないとその力《ちから》を発揮《はっき》できません。夕方《ゆうがた》や雨《あめ》の日《ひ》などに、風景《ふうけい》の色《いろ》がよくわからないのはそのためです。

錐体細胞《すいたいさいぼう》には、青色《あおいろ》、緑色《みどりいろ》、赤色《あかいろ》の波長《はちょう》を感《かん》じる三種類《さんしゅるい》の細胞《さいぼう》があり、脳《のう》がそれらの情報《じょうほう》を合成《ごうせい》してさまざまな色《いろ》を作《つく》り出《だ》します。「光《ひかり》の三原色《さんげんしょく》」の理由《りゆう》ですね。桿体細胞《かんたいさいぼう》

あれ?
キャサリン
泣《な》いてるの?
ニヤニヤ
な 泣《な》いてなんか
ないわよ!
川《かわ》の水《みず》が飛《と》んで
きただけよ…
ゴシゴシ
さ、片付け
しなきゃね!
次の日……。
こんにちわ~
ノブ先生宅
はーい!
どなた~?
ガチャッ
ここに来《く》れば
オドロキ玉《だま》を
くれるって
聞《き》いたんですが!!
アイツがいって
まわったのね!
ホントに
カッパって
厚《あつ》かましい!!

が弱《よわ》い光《ひかり》を感《かん》じるために必要《ひつよう》なロドプシンという物質《ぶっしつ》は、ビタミンAが不足《ふそく》すると合成《ごうせい》されません。ですから、ビタミンAが不足《ふそく》すると、夜盲症《やもうしょう》(暗《くら》いところでよく見《み》えない)になることがあります。

私《わたし》たちの眼《め》は、海《うみ》の中《なか》の植物《しょくぶつ》プランクトンが持《も》っていたロドプシンの遺伝子《いでんし》が、長《なが》い年月《ねんげつ》を経《へ》て動物《どうぶつ》に移行《いこう》し、誕生《たんじょう》したという説《せつ》もあります。

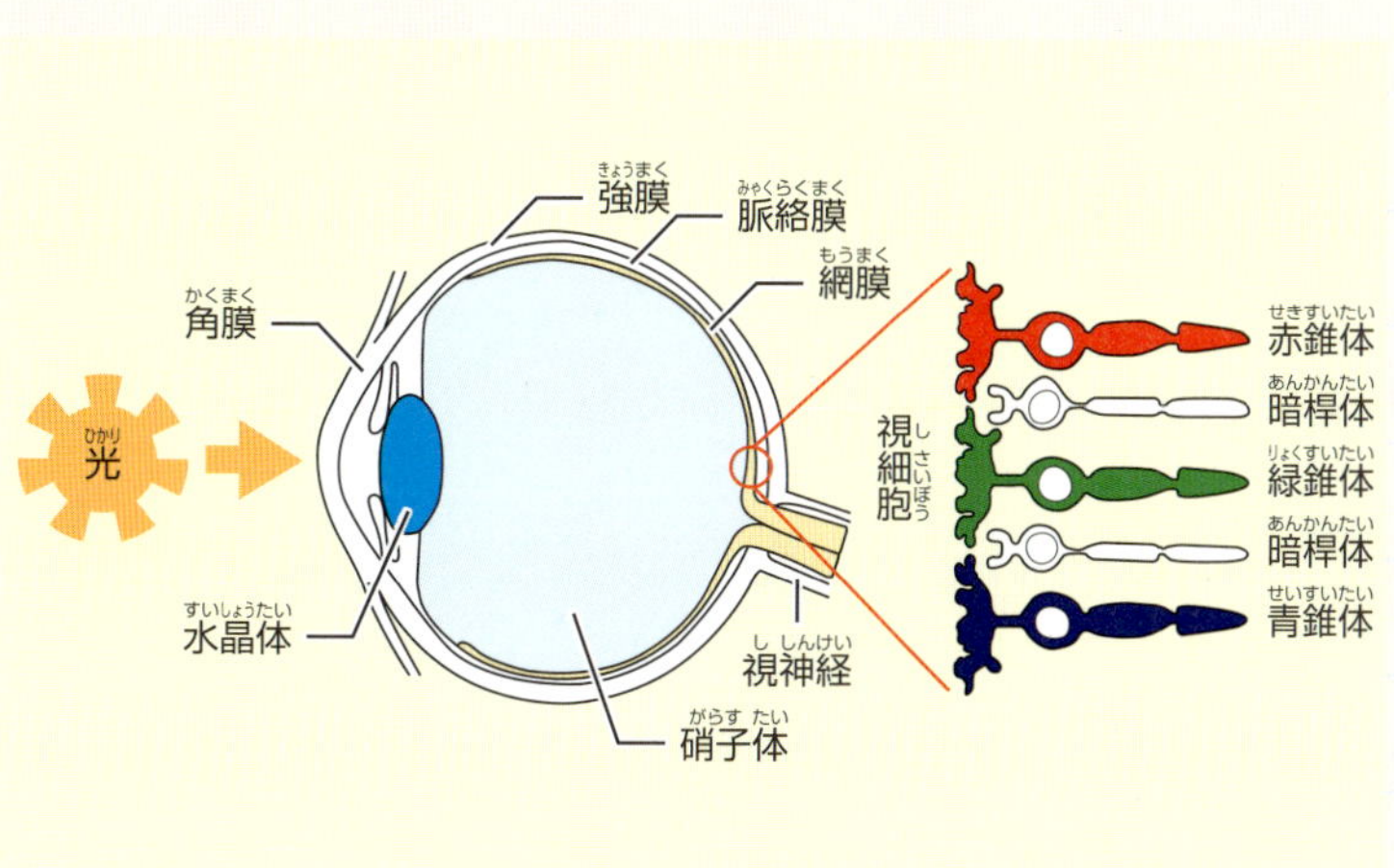
強膜《きょうまく》
脈絡膜《みゃくらくまく》
網膜《もうまく》
角膜《かくまく》
光《ひかり》
水晶体《すいしょうたい》
視神経《ししんけい》
硝子体《がらすたい》
視細胞《しさいぼう》
赤錐体《せきすいたい》
暗桿体《あんかんたい》
緑錐体《りょくすいたい》
暗桿体《あんかんたい》
青錐体《せいすいたい》

キャサリンからのさいよう試験《しけん》②

うひょポイントQ&A

8個《こ》以上《いじょう》わかったら、
私《わたし》の助手《じょしゅ》として
みとめてあげるわ!

マンガ下《した》に書《か》かれていた
うひょポイントのかいせつの中《なか》から
キャサリンがクイズを出《だ》すよ。
いくつわかるかな?

Q1
標高《ひょうこう》が
100m上《あ》がると
何《なん》℃下《さ》がる?

Q2
人間《にんげん》の肺《はい》と同《おな》じ
はたらきをしている
魚《さかな》の器官《きかん》は?

Q3
2012年《ねん》に
絶滅《ぜつめつ》したとされる
動物《どうぶつ》は?

Q4
キュウリのツルの
秘密《ひみつ》は?

Q5
食中毒《しょくちゅうどく》予防《よぼう》の
三原則《さんげんそく》は何《なに》?

Q6
鼓膜《こまく》を使《つか》わない
音《おと》の聴《き》き方《かた》を
何《なん》という?

Q7
オワンクラゲから
発見《はっけん》された
緑色《みどりいろ》に光《ひか》る物質《ぶっしつ》は?

Q8
月《つき》の自転《じてん》と
公転周期《こうてんしゅうき》は?

Q9
目《め》のレンズを
何《なん》という?

A1 0.6℃　A2 エラ　A3 ニホンカワウソ　A4 途中《とちゅう》で反対巻《はんたいま》きになる　A5 菌《きん》をつけない(清潔《せいけつ》、洗浄《せんじょう》)、増《ふ》やさない(低温保存《ていおんほぞん》)、やっつける(加熱処理《かねつしょり》)　A6 骨伝導《こつでんどう》　A7 GFP　A8 27日《にち》7時間《じかん》42分《ふん》　A9 水晶体《すいしょうたい》

キレイ好《ず》きハナの記《き》憶《おく》を取《と》りもどそう！

出《て》会《あ》ったのは、記《き》憶《おく》のないトイレの花《はな》子《こ》さん!?
学《がっ》校《こう》をめぐって、トイレの花《はな》子《こ》さん・ハナの
記《き》憶《おく》を取《と》りもどす手《て》伝《つだ》いをしよう。

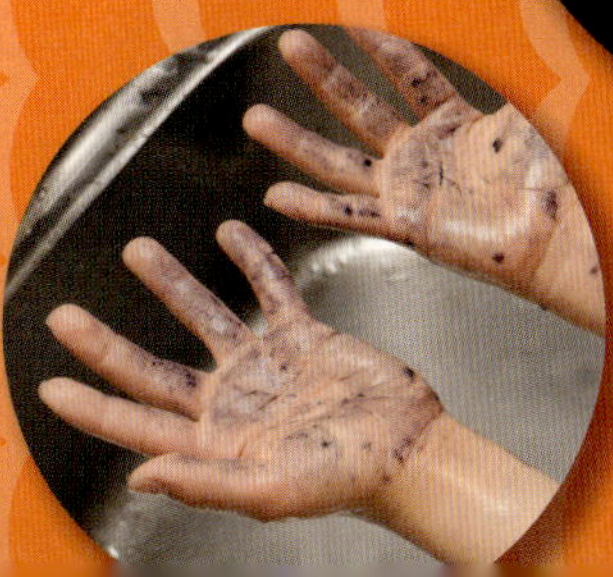

記憶喪失《きおくそうしつ》!? キレイ好《ず》きなこの子《こ》は誰《だれ》だ!

約束《やくそく》を忘《わす》れて帰《かえ》ろうとするダイスケ。よごれた手《て》を洗《あら》いにいくが……。

うひょポイントのかいせつ

うひょ22 流《なが》れ星《ぼし》の正体《しょうたい》は?

流《なが》れ星《ぼし》を見《み》たら、落《お》ちる前《まえ》に3回《かい》願《ねが》い事《ごと》をすれば叶《かな》う。こんなことを聞《き》いたことはありませんか。でも、たいていは、願《ねが》い事《ごと》を考《かんが》える前《まえ》に流《なが》れ星《ぼし》は落《お》ちてしまいますね。

流《なが》れ星《ぼし》が落《お》ちる、といいますが、星《ほし》が落《お》ちているわけではありません。宇宙《うちゅう》にただよう小《ちい》さな塵《ちり》や岩《いわ》のかけらが、地球《ちきゅう》のまわりを包《つつ》む薄《うす》い空気《くうき》と衝突《しょうとつ》して高温《こうおん》になり、光《ひか》るのです。空気《くうき》との摩擦《まさつ》で燃《も》えると思《おも》っている人《ひと》がたくさんいますが、燃《も》えているわけではありません。塵《ちり》は空気《くうき》と衝突《しょうとつ》した後《あと》、大気《たいき》圏《けん》(空気《くうき》の層《そう》)に落《お》ちてきます。光《ひか》り終《お》えた塵《ちり》はとても小さいので(0.001㎜くらい)、ふわふわ漂《ただよ》いながら地上《ちじょう》に落《お》ちていきます。

流《なが》れ星《ぼし》になる塵《ちり》のほとんどは、すい星《せい》が残《のこ》していったものです。すい星《せい》は尾《お》を引《ひ》くのでほうき星《ぼし》とも呼《よ》ばれています。長《なが》いものでは1天文単位《てんもんたんい》(1億《おく》5千万《せんまん》㎞)にもなります。そして、この「尾《お》」の正体《しょうたい》が、塵《ちり》や氷《こおり》の粒《つぶ》なのです。地球《ちきゅう》が太陽《たいよう》のまわりをまわる途中《とちゅう》(公転中《こうてんちゅう》)で、ほうき星《ぼし》の通《とお》った後《あと》を横《よこ》切《ぎ》ると、無数《むすう》の塵《ちり》とぶつかります。これが

「流星群《りゅうせいぐん》」です。「四分儀座流星群《しぶんぎざりゅうせいぐん》」「ペルセウス座流星群《ざりゅうせいぐん》」「ふたご座流星群《ざりゅうせいぐん》」は三大流《さんだいりゅう》星群《せいぐん》と呼《よ》ばれ、毎年観測《まいとしかんそく》できます。
まれに、小惑星《しょうわくせい》の一部《いちぶ》が地球《ちきゅう》にぶつかると、とてつもなく大《おお》きな流《なが》れ星《ぼし》（火球《かきゅう》）となり、地上《ちじょう》に隕石《いんせき》として落《お》ちてくることもあります。2013年《ねん》にはロシアに巨大《きょだい》な隕石《いんせき》が落下《らっか》しました。火星《かせい》に巨大《きょだい》な隕石《いんせき》が衝突《しょうとつ》し、そのときに砕《くだ》け散《ち》った火星《かせい》の岩石《がんせき》が地球《ちきゅう》まで飛《と》んできたと考《かんが》えられている隕石《いんせき》もあります。火星《かせい》から来《き》た隕石《いんせき》は、SNC隕石《いんせき》(スニク)と呼《よ》ばれています。なかでもALH84001という隕石《いんせき》からは、生命《せいめい》の痕跡《こんせき》があると発表《はっぴょう》され、注目《ちゅうもく》されました。今《いま》も、たくさんの研究者《けんきゅうしゃ》たちが、火星《かせい》の生命《せいめい》の謎《なぞ》を追《お》いかけています。

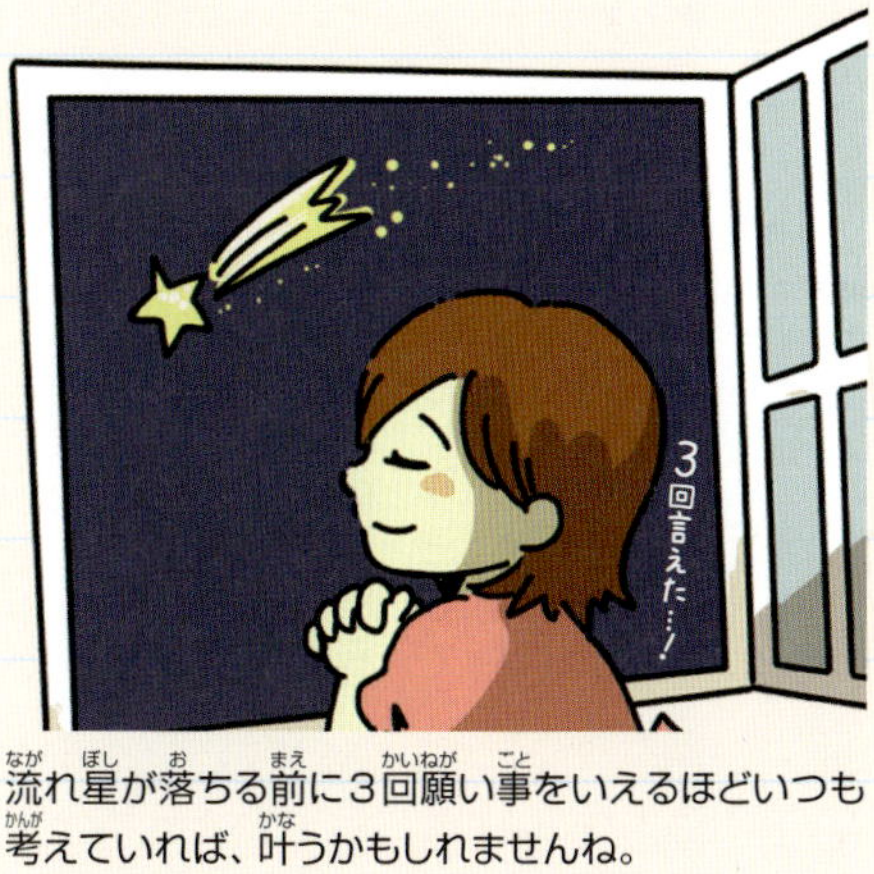

流《なが》れ星《ぼし》が落《お》ちる前《まえ》に3回願《かいねが》い事《ごと》をいえるほどいつも考《かんが》えていれば、叶《かな》うかもしれませんね。

うひょポイントのかいせつ

うひょ23 油汚《あぶらよご》れと洗剤《せんざい》とマヨネーズ？

「水《みず》と油《あぶら》」という言葉《ことば》は、どうしても気《き》が合《あ》わず、打《う》ち解《と》けない例《たと》えとして使《つか》われます。実際《じっさい》に、水《みず》と油《あぶら》は混《ま》じり合《あ》いません。ですから、油《あぶら》で汚《よご》れたお皿《さら》を水《みず》で洗《あら》っても、ちっともきれいになりません。そこで、洗剤《せんざい》の出《で》番《ばん》です。洗剤《せんざい》には、界面活性剤《かいめんかっせいざい》という、水《みず》に馴染《なじ》みやすい側《がわ》（親水性《しんすいせい》）と油《あぶら》に馴染《なじ》みやすい側《がわ》（疎水性《そすいせい》）を持《も》つ成分《せいぶん》が含《ふく》まれています。この成分《せいぶん》が、水《みず》と油《あぶら》の橋渡《はしわた》しをするのです。

油《あぶら》と酢《す》の二層《にそう》になっているドレッシングを振《ふ》ると、油《あぶら》は丸《まる》い小《ちい》さな粒《つぶ》になります。油同《あぶらどう》士《し》で固《かた》まろうとする力《ちから》がはたらくからです（表面張力《ひょうめんちょうりょく》）。振《ふ》るのをやめると、油《あぶら》は浮《う》き上《あ》がり、集《あつ》まり、次第《しだい》に大《おお》きな固《かた》まりになって、元《もと》に戻《もど》ります。洗剤《せんざい》を入《い》れて振《ふ》ってみましょう。油《あぶら》の粒《つぶ》に界面活性剤《かいめんかっせいざい》の疎水性《そすいせい》の側《がわ》が集《あつ》まり、油《あぶら》を取《と》り囲《かこ》みます。界面活性剤《かいめんかっせいざい》のもう一方《いっぽう》は親水性《しんすいせい》なので水《みず》が油《あぶら》の粒《つぶ》を包《つつ》み込《こ》みます。もう油《あぶら》の粒《つぶ》は、他《ほか》の油《あぶら》の粒《つぶ》と集《あつ》まることができません。小《ちい》さな泡《あわ》のようになったままです。お皿《さら》についた油《あぶら》も同《おな》じです。水《みず》に取《と》り囲《かこ》まれた油《あぶら》は丸《まる》くなろうとします。そうするとお皿《さら》と油《あぶら》の隙間《すきま》に、さらに洗剤《せんざい》

が入《はい》り込《こ》み、ついには油《あぶら》はお皿《さら》からはがれてしまうのです。

実《じつ》は、マヨネーズも界面活性作用《かいめんかっせいさよう》で作《つく》られています。マヨネーズは、油《あぶら》と酢《す》、卵《たまご》で作《つく》られます。ドレッシングを振《ふ》ってわかるように油《あぶら》と酢《す》は混《ま》ざり合《あ》いません。ところが、卵《たまご》を加《くわ》えると混《ま》ざるのです。それは、卵《たまご》に含《ふく》まれるレシチンに界面活性作用《かいめんかっせいさよう》があるからです。油《あぶら》がとても細《こま》かな粒《つぶ》になることを乳化《にゅうか》といい、その状態《じょうたい》をエマルションといいます。実験《じっけん》してみましょう。手《て》にたっぷりのサラダ油《あぶら》と少《すこ》しの洗剤《せんざい》をつけてよくもみます。しばらくすると、脂肪《しぼう》が乳化《にゅうか》し、白《しろ》いクリームのようなものができます。

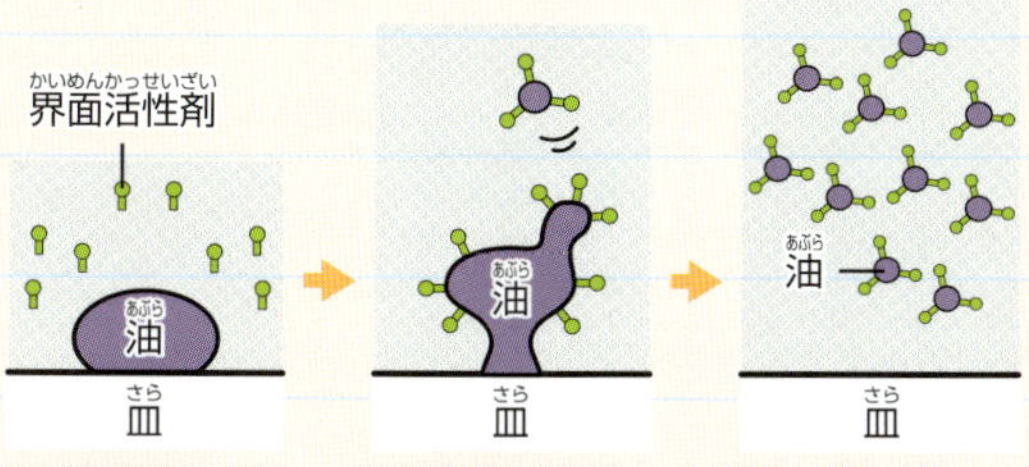

界面活性剤《かいめんかっせいざい》を水《みず》に入《い》れます。

界面活性剤《かいめんかっせいざい》が油《あぶら》と皿《さら》の間《あいだ》に入ます。

油《あぶら》の粒《つぶ》が皿《さら》から離《はな》れます。

うひょポイントのかいせつ

うひょ24 ばい菌《きん》って何《なに》？

私《わたし》たちのまわりには（もちろん体《からだ》の中《なか》にも）、微生物《びせいぶつ》がたくさんいます。微生物《びせいぶつ》の中《なか》には、病気《びょうき》や食中毒《しょくちゅうどく》の原因《げんいん》になるものがいるからなのか、微生物《びせいぶつ》は、「ばい菌《きん》！」「汚《きたな》い！」「ついたらイヤ！」なんて思《おも》っていませんか？　ばい菌《きん》という生《い》き物《もの》はいません。雑《ざっ》菌《きん》といういい方《かた》はありますが、これも雑菌《ざっきん》という種《しゅ》がいるわけではありません。雑草《ざっそう》と同《おな》じです。作物《さくもつ》（目的《もくてき》の植物《しょくぶつ》）以外《いがい》を雑草《ざっそう》というように、利用《りよう》したい微生物《びせいぶつ》以外《いがい》を雑菌《ざっきん》と呼《よ》ぶのです。

ところで、細菌《さいきん》とウイルスという言葉《ことば》はよく聞《き》きますよね。のどが痛《いた》くなって高熱《こうねつ》が出《で》たら、原因《げんいん》はインフルエンザウイルスかもしれませんし、溶連菌《ようれんきん》（溶血性連鎖球菌《ようけつせいれんさきゅうきん》）かもしれません。食中毒《しょくちゅうどく》の原因《げんいん》はノロウイルスかもしれませんし、サルモネラ菌《きん》かもしれません。いったい、細菌《さいきん》とウイルスは、どこが違《ちが》うのでしょうか？　まず、ウイルスはとっても小《ちい》さいです。東京《とうきょう》ドームを1mとすると細菌《さいきん》はサッカーボールくらい、ウイルスは米《こめ》粒《つぶ》くらいです。

そして、実《じつ》は、ウイルスは生《い》き物《もの》ではあり

それでは
ホントに
洗《あら》えているか
試《ため》してみよう
そこの君《きみ》
名前《なまえ》は?
えっと…
今《いま》思《おも》い出《だ》し
ました!
私《わたし》ハナと
いいます
……?
じゃあハナさん
ダイスケ君《くん》
実験室《じっけんしつ》から
でんぷんのりを
持《も》ってきて
はい!
ひょいっ
あとは
これ!
これがあれば
わかるんだよ!
うがい薬《ぐすり》

ません。生《い》き物《もの》は、自分《じぶん》で子孫《しそん》を残《のこ》さなくてはなりません。細菌《さいきん》は、自《みずか》ら複製《ふくせい》することができますが、ウイルスはできません。他《ほか》の生《い》き物《もの》の細胞《さいぼう》に感染《かんせん》して、自分《じぶん》を作《つく》らせるのです。自分《じぶん》では増《ふ》えることができないので、生《い》き物《もの》ではないのです。病院《びょういん》での対処《たいしょ》も、違《ちが》います。抗生物質《こうせいぶっしつ》は、生《い》きている細胞《さいぼう》の増殖《ぞうしょく》や機能《きのう》を阻害《そがい》する物質《ぶっしつ》なので、細菌《さいきん》には効《き》きますがウイルスには効《き》きません。ウイルスの予防《よぼう》には、毒性《どくせい》を弱《よわ》めたり、無毒化《むどくか》したウイルス(ワクチン)の接種《せっしゅ》が有効《ゆうこう》です。私《わたし》たちの体《からだ》に、「このウイルスは危険《きけん》だよ!」と形《かたち》を覚《おぼ》えさせておくのです。ただし、インフルエンザのA型《がた》、B型《がた》のようにタイプが違《ちが》うと効《き》き目《め》はありません。

【ワクチンの仕組《しく》み】

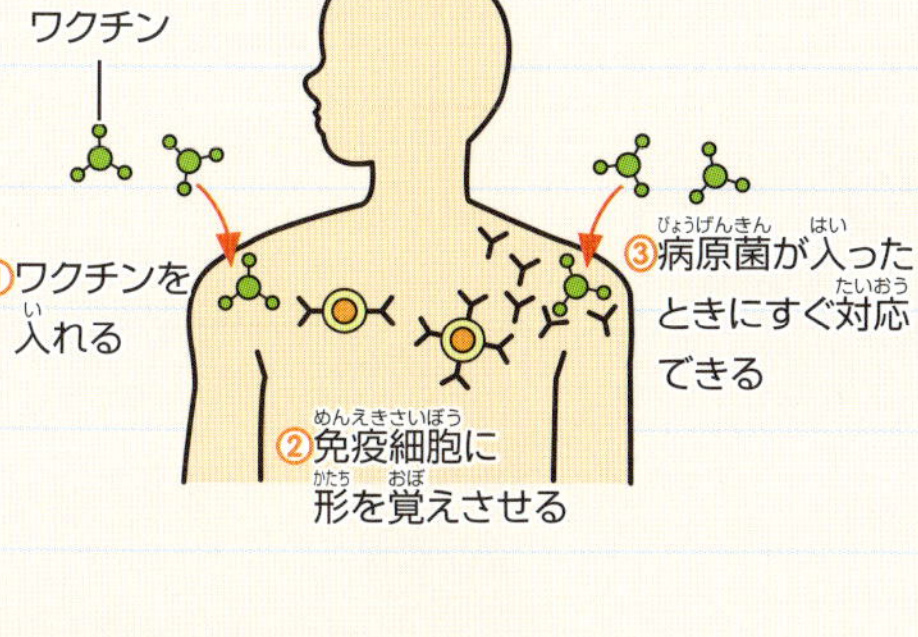
ワクチン
①ワクチンを
入《い》れる
②免疫細胞《めんえきさいぼう》に
形《かたち》を覚《おぼ》えさせる
③病原菌《びょうげんきん》が入《はい》った
ときにすぐ対応《たいおう》
できる

キレイ好《ず》きハナの記《き》憶《おく》を取《と》りもどすための実《じっ》験《けん》 その1

洗《あら》い残《のこ》しチェッカー

キレイに洗《あら》わないと、うがい薬《ぐすり》で手《て》が青《あお》くなっちゃう！

つかうもの

- ペーパータオル
- スプレーボトル
- デンプンのり
- 水《みず》
- うがい薬《ぐすり》（ヨウ素《そ》入《い》り）

※うがい薬《ぐすり》は薬局《やっきょく》で買《か》えるよ。

1 手《て》を洗《あら》う

石《せっ》けんで、手《て》をきれいに洗《あら》う。

2 デンプンのりをつける

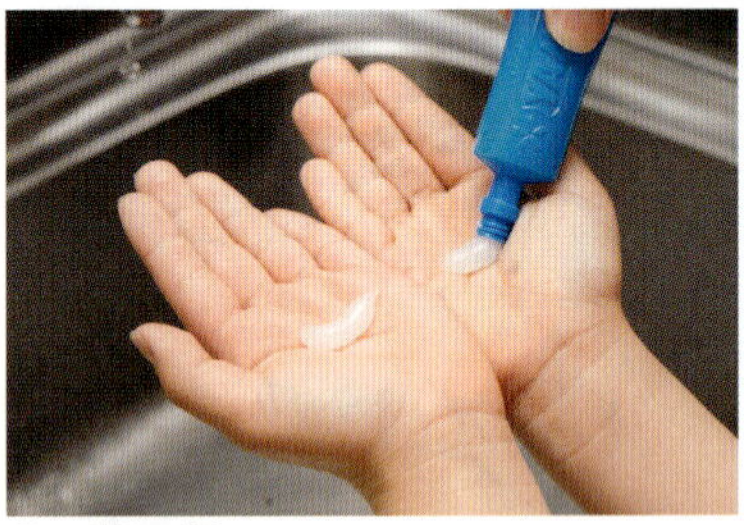

手《て》の表《おもて》と裏《うら》にデンプンのりをつける。

3 手《て》によくすりつける

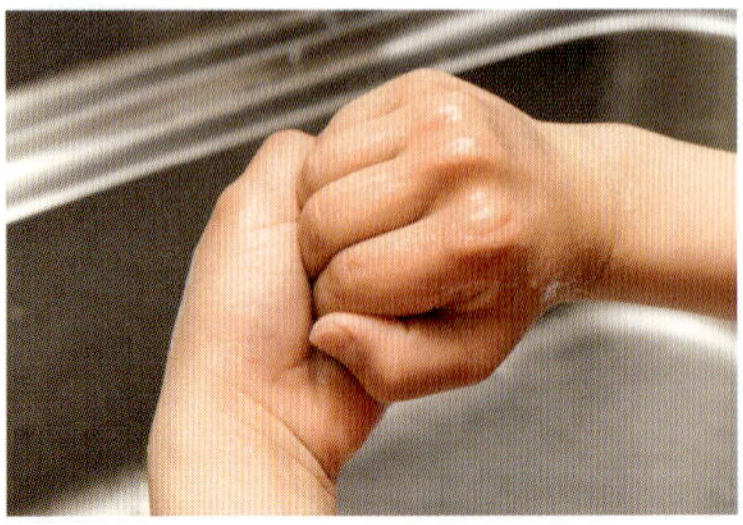

両《りょう》手《て》にまんべんなく、デンプンのりをすりつける。つめの中《なか》や指《ゆび》の間《あいだ》にもつけること。

4 手《て》を洗《あら》う

水《みず》で、ダイスケのように洗《あら》う。

5 手《て》をふく

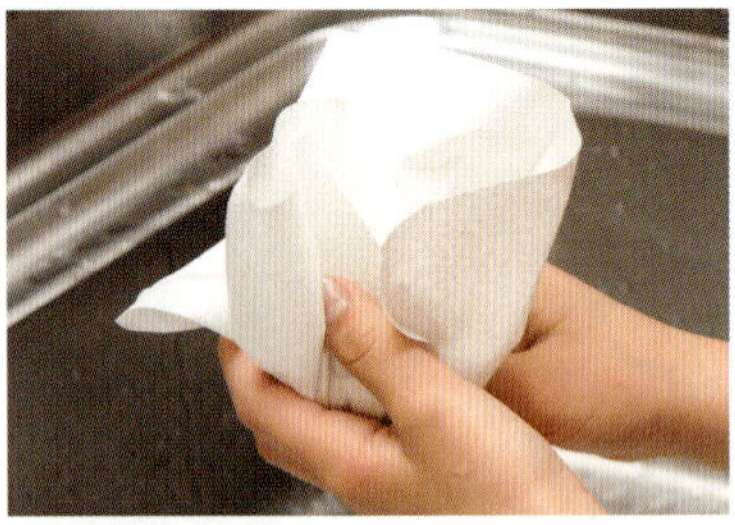

洗《あら》い流《なが》した手《て》を、タオルやペーパータオルでふく。

6 うがい薬《ぐすり》をかける

コップから直接《ちょくせつ》かけてもOK!

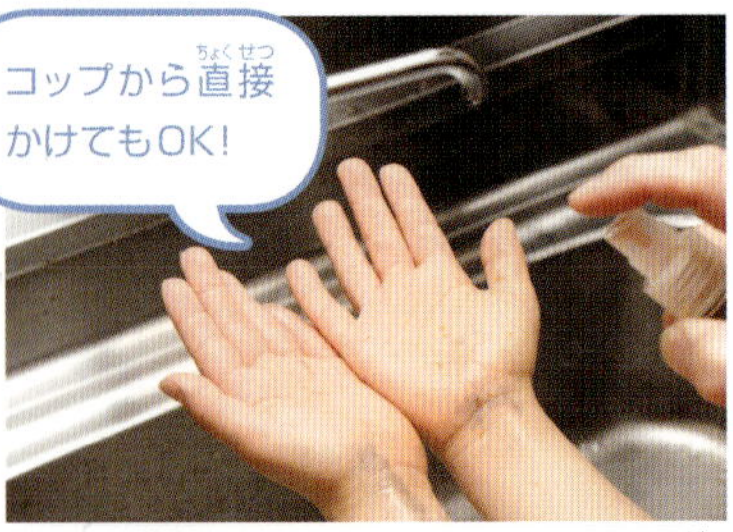

うがい薬《ぐすり》を、ふぞくのコップで60倍《ばい》にうすめてかける。スプレーボトルをつかうと便利《べんり》。

！ デンプンのりの種類《しゅるい》によっては、赤茶色《あかちゃいろ》になるものもある。

むずかしさ

★★★ ★★ ★

かかる時間《じかん》

15分

デンプンのりが落《お》ちていない
部分《ぶぶん》が青《あお》くなる。

なんでこうなる?

手《て》が青《あお》くなってしまったのはなぜ?

うがい薬《ぐすり》とデンプンが反応《はんのう》したからだよ

ヨウ素《そ》とデンプンが出《で》あうと、青《あお》ムラサキ色《いろ》に変《か》わる。この反応《はんのう》を「ヨウ素《そ》−デンプン反応《はんのう》」といって、デンプンがあるかないかの実験《じっけん》につかわれるんだ。うがい薬《ぐすり》にはヨウ素《そ》がふくまれている。手《て》が青《あお》ムラサキ色《いろ》になったのは、洗《あら》い残《のこ》したデンプンと、うがい薬《ぐすり》のヨウ素《そ》とが反応《はんのう》したからなんだ。だから、青《あお》くなったところは、ふだんよく洗《あら》えていないところだよ。

デンプン・ハンター

むずかしさ ★☆☆

きっかけ

おやつに食《た》べたヨーグルトの容《よう》器《き》に、「材料《ざいりょう》:デンプン」と書《か》いてありました。デンプンは、お米《こめ》や小《こ》麦《むぎ》粉《こ》なのに、どうしてヨーグルトに入《はい》っているのかふしぎに思《おも》って調《しら》べました。すると、お店《みせ》で買《か》ってきたたくさんの食《た》べ物《もの》に「デンプン」と書《か》いてあったので、どんなものにデンプンがつかわれているか調《しら》べてみました。

調《しら》べたことと予《よ》想《そう》

デンプンが入《はい》っているかどうかは、ヨウ素《そ》液《えき》とデンプンが反《はん》応《のう》して青《あお》ムラサキになる「ヨウ素《そ》ーデンプン反《はん》応《のう》」という方《ほう》法《ほう》で調《しら》べられます。ヨウ素《そ》液《えき》で、デンプンがつかわれているかを調《しら》べました。

つかったもの

- うがい薬《ぐすり》
  (ヨードの入《はい》ったもの)
- コップ
- スポイト
- 食《しょく》品《ひん》
  (お米《こめ》、ちくわ、バナナ、など)
- 紙《かみ》
  (コピー用《よう》紙《し》、キッチンペーパー、コーヒーフィルター、ティッシュ)
- デンプンのり(2種《しゅ》類《るい》)

おやつに食《た》べたのとおなじヨーグルトに、
ヨウ素《そ》液《えき》をかけたら、青《あお》ムラサキ色《いろ》になりました。

やりかた

1. うがい薬《ぐすり》を60倍《ばい》(うがいする時《とき》のこさ)にうすめて、ヨウ素《そ》液《えき》としました。
2. デンプン使《し》用《よう》と不《ふ》使《し》用《よう》のちくわで、ヨウ素《そ》ーデンプン反《はん》応《のう》を確《たし》かめました。
3. 食《しょく》品《ひん》や紙《かみ》、のりなどで、ヨウ素《そ》ーデンプン反《はん》応《のう》を試《ため》しました。

わかったこと

デンプンは、たくさんのものにつかわれていることがわかりました。卵《たまご》焼《や》きやウインナーソーセージにもデンプンがつかわれていたけど、色《いろ》は変《か》わりませんでした。つかわれている量《りょう》が少《すく》なかったり、油《あぶら》でヨウ素《そ》液《えき》がしみこまなかったりしたからかもしれません。ヨウ素《そ》ーデンプン反《はん》応《のう》には、青《あお》ムラサキ色《いろ》だけではなく赤《あか》茶《ちゃ》色《いろ》になることがあることがわかりました。どうしてなのかを調《しら》べたいです。

THE SENSE OF WONDER 先生アドバイス

デンプンには、いろんなやくわりがある

デンプンには、食《た》べ物《もの》をなめらかにしたり、とけやすくしたり、固《かた》めたりするはたらきがあって、たくさんの食《しょく》品《ひん》につかわれている。コピー用《よう》紙《し》のデンプンは、インクがにじまずにきれいに印《いん》刷《さつ》できるようにするためにつかわれているんだ。バナナのデンプンは、熟《じゅく》すと分《ぶん》解《かい》して糖《とう》になる。だからバナナはあまいんだよ。

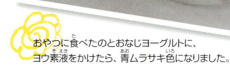

デンプン・ハンター結果《けっか》

デンプン使用《しよう》のちくわは青《あお》ムラサキになり、不使用《ふしよう》では色《いろ》はかわりませんでした。うがい薬《ぐすり》で、デンプンがつかわれているかを確《たし》かめることができることがわかりました。

ちくわ

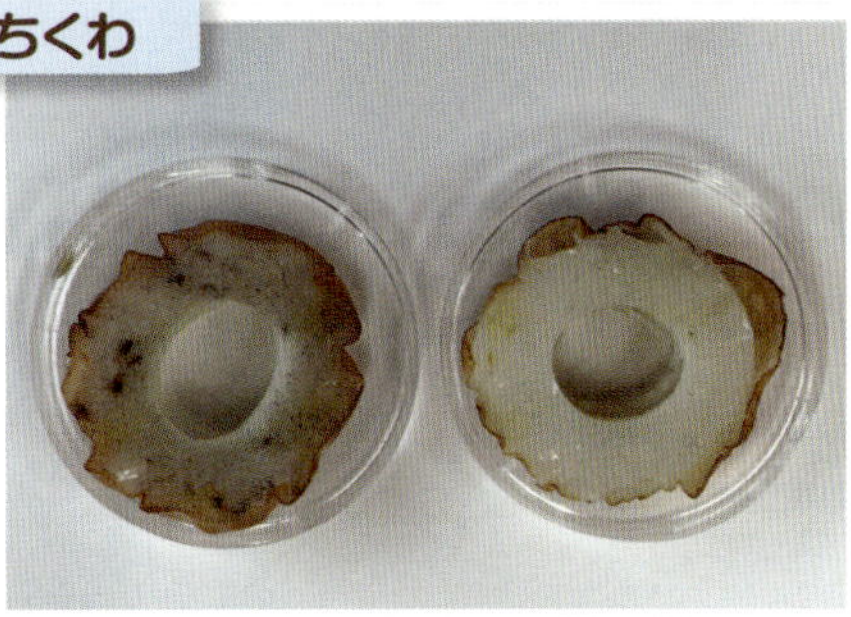

デンプンをつかっているちくわだけが、青《あお》ムラサキ色《いろ》になりました。

同《おな》じバナナでも、熟《じゅく》したものでためしたら、青《あお》ムラサキ色《いろ》になった!

バナナ

熟《じゅく》していないバナナ（左《ひだり》）にはデンプンがあり、熟《じゅく》したもの（右《みぎ》）にはありませんでした。

もち米《ごめ》とお米《こめ》

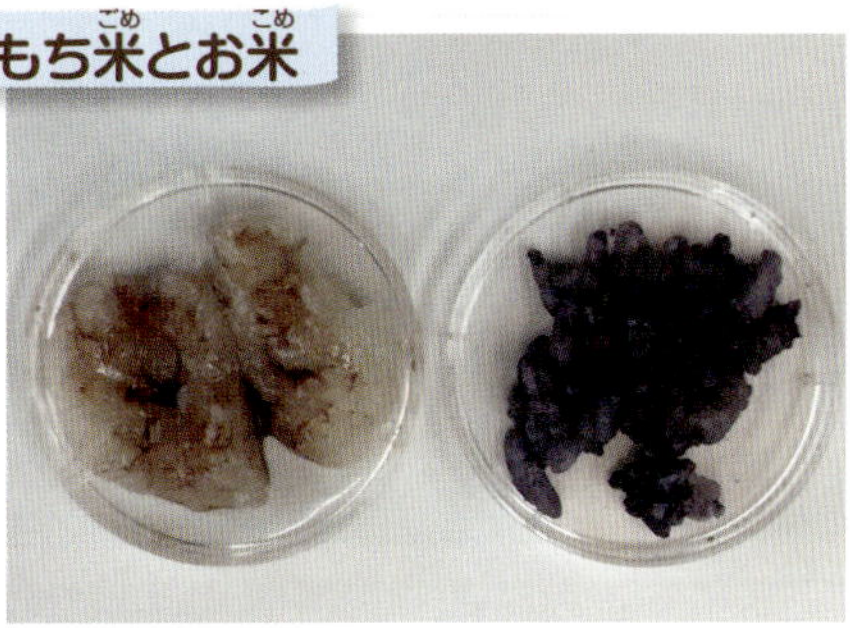

もち米《ごめ》は赤茶色《あかちゃいろ》に、ふつうの米《こめ》は青《あお》ムラサキ色《いろ》になりました。

魚肉《ぎょにく》ソーセージとチキンナゲット

魚肉《ぎょにく》ソーセージにもチキンナゲットにもデンプンがつかわれていました。

アイスとプリン

アイスやプリンにもデンプンがつかわれているものがありました。

コピー用紙《ようし》とコーヒーフィルター

コピー用紙《ようし》にはデンプンがつかわれ、コーヒーフィルターにはつかわれていませんでした。

デンプンのり

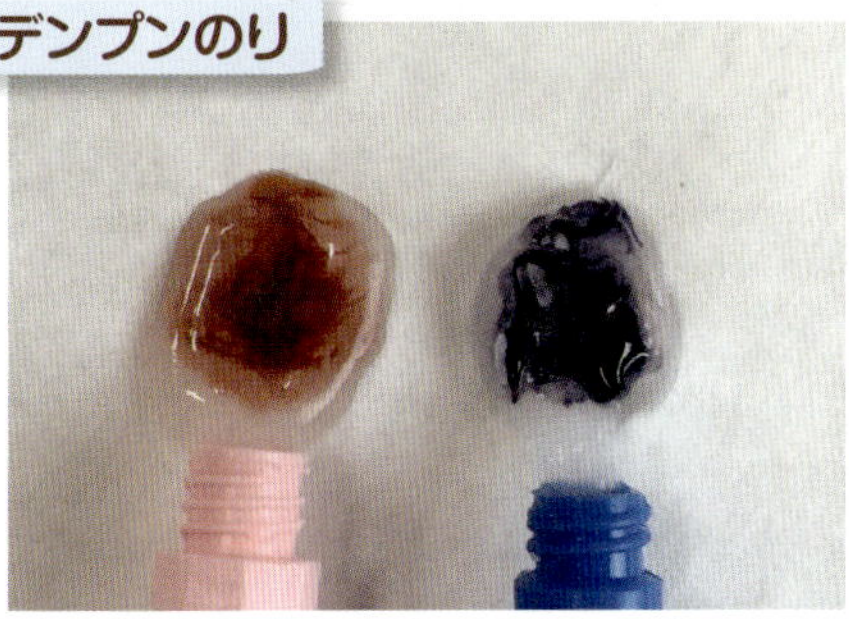

デンプンでも青《あお》ムラサキ色《いろ》になるものと赤茶色《あかちゃいろ》になるものがありました。

学校《がっこう》をまわって記憶《きおく》を探《さが》そう

実験《じっけん》をすると記憶《きおく》がもどるハナ。まずは図工室《ずこうしつ》へ向《む》かうことに……。

うひょポイントのかいせつ

うひょ25 記憶《きおく》の秘密《ひみつ》

ノブ先生《せんせい》は暗記《あんき》がとても苦手《にがて》です。人《ひと》の顔《かお》や名前《なまえ》を覚《おぼ》えるのも苦手《にがて》です。記憶《きおく》って何《なん》なのでしょう。記憶《きおく》には大《おお》きく分《わ》けて、短期《たんき》記憶《きおく》と長期記憶《ちょうききおく》があります。情報《じょうほう》はまず短《たん》期記憶《ききおく》の箱《はこ》に入《い》れられます。3日前《かまえ》の給食《きゅうしょく》をすぐに思《おも》い出《だ》せますか? 短期記憶《たんききおく》はとりあえず記憶《きおく》するけど次々《つぎつぎ》と消《き》えていく一時《いちじ》的《てき》な箱《はこ》です。3日前《かまえ》の給食《きゅうしょく》は覚《おぼ》えていなくても、去年《きょねん》の誕生日《たんじょうび》に食《た》べたケーキは覚《おぼ》えていることがあります。これが長期記憶《ちょうききおく》です。

記憶《きおく》を処理《しょり》するのは脳《のう》の中《なか》にある「海馬《かいば》」というところです。絶《た》え間《ま》なく入《はい》ってくる情《じょう》報《ほう》で短期記憶《たんききおく》の箱《はこ》はすぐにいっぱいになってしまいます。そこで、海馬《かいば》はどの記憶《きおく》をきちんと残《のこ》しておくか仕分《しわ》けをします。残《のこ》しておく記憶《きおく》は、前頭葉《ぜんとうよう》や側頭葉《そくとうよう》にある引《ひ》き出《だ》しに、ラベルをつけて保存《ほぞん》されます(長期記《ちょうきき》憶《おく》)。記憶力《きおくりょく》がよい人《ひと》は、このラベルをつけるのが上手《じょうず》なのだそうです。海馬《かいば》は、「印象《いんしょう》が強《つよ》いもの」「大事《だいじ》なもの」の他《ほか》、「繰《く》り返《かえ》したもの」も引《ひ》き出《だ》しに入《い》れてくれます。漢《かん》字《じ》や英単語《えいたんご》などは、繰《く》り返《かえ》し書《か》いて覚《おぼ》えるしか方法《ほうほう》がないようですね。お酒《さけ》をたくさ

ん飲《の》むと、そのときのことをあまり覚《おぼ》えていないことがあるそうです。海馬《かいば》がよっぱらって、仕分《しわ》けの仕事《しごと》をしないのです。記憶《きおく》は短《たん》期《き》記憶《きおく》の箱《はこ》に入《い》れたままなので次《つぎ》の日《ひ》にはなくなっているのですね。

音《おと》や味《あじ》、香《かお》りなどもラベルになります。マルセル・プルーストの小説《しょうせつ》『失《うしな》われた時《とき》を求《もと》めて』では、マドレーヌを紅茶《こうちゃ》に浸《ひた》した香《かお》りがきっかけで、不意《ふい》に古《ふる》い記憶《きおく》がよみがえります。これをプルースト現象《げんしょう》といいます。逆《ぎゃく》に、思《おも》い出《だ》したくない記憶《きおく》には、鍵《かぎ》をかけてしまうこともあります。リコの記憶《きおく》の引《ひ》き出《だ》しに貼《は》られていたラベルはいったい何《なん》なのでしょう?

短期記憶《たんききおく》の箱《はこ》から、長期記憶《ちょうききおく》の箱《はこ》に移《うつ》されると、去年《きょねん》の誕生日《たんじょうび》に食《た》べたケーキも覚《おぼ》えていられます。

キレイ好《ず》きハナの記《き》憶《おく》を取《と》りもどすための実《じっ》験《けん》　その②

ミルクキャンバス

ミルクに洗《せん》ざいを落《お》とすと食《しょく》紅《べに》がにげていく！

つかうもの

- 食紅《しょくべに》（赤《あか》、青《あお》、緑《みどり》、黄色《きいろ》）
- 台所用《だいどころよう》洗《せん》ざい
- 低《てい》しぼう牛乳《ぎゅうにゅう》
- コップ5つ
- 1～2cmの深《ふか》さのある大《おお》きめの皿《さら》
- スポイト5本《ほん》

1 食紅《しょくべに》を水《みず》にとかす

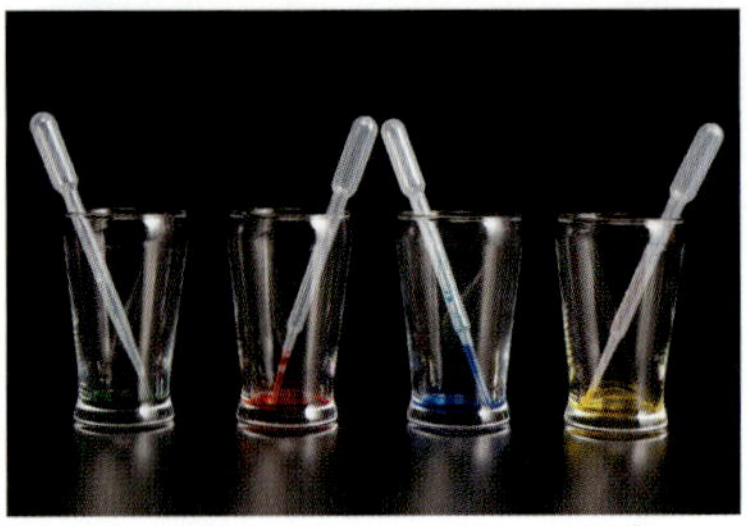

4色《しょく》の食紅《しょくべに》を水《みず》でとかして色水《いろみず》をつくる。

2 洗《せん》ざい液《えき》をつくっておく

台所用《だいどころよう》洗《せん》ざいを、スポイトでコップに少量《しょうりょう》入《い》れる。

3 牛乳《ぎゅうにゅう》を皿《さら》にそそぐ

皿《さら》の底《そこ》が見《み》えなくなるまで牛乳《ぎゅうにゅう》をそそぐ。

4 牛乳《ぎゅうにゅう》に色水《いろみず》を落《お》とす

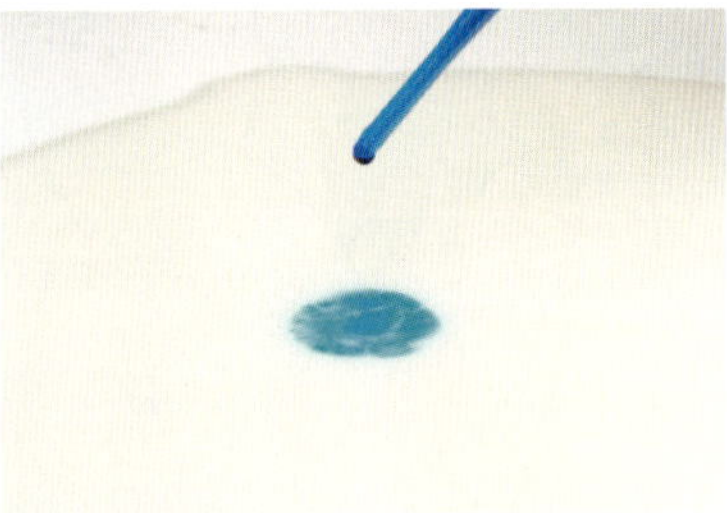

皿《さら》に、色水《いろみず》をスポイトで落《お》とす。

5 4色《しょく》の色水《いろみず》を落《お》とす

色《いろ》がつかないように注意《ちゅうい》しながら、4色《しょく》の色水《いろみず》を落《お》とす。

6 洗《せん》ざいを1てき落《お》とす

色水《いろみず》のまん中《なか》に洗《せん》ざいを1てき落《お》とす。

スポイトがなければ、綿棒《めんぼう》でもよい。

← そうすると…

むずかしさ

★★★　★★　★

かかる時間《じかん》

15分

！ふつうの牛乳《ぎゅうにゅう》やコンデンスミルクなどでも動《うご》きをためしてみよう。

ミルクのキャンバスの上《うえ》で、色水《いろみず》が広《ひろ》がり、色《いろ》の輪《わ》ができる。

なんでこうなる？

洗《せん》ざいをつけるとどうして色《いろ》がにげていくの？

洗《せん》ざいがしぼうの小《ちい》さなつぶの固《かた》まりをこわしていくからなんだ

牛乳《ぎゅうにゅう》には、たくさんの小《ちい》さなしぼうのつぶが、すき間《ま》なく固《かた》まってうかんでいる。洗《せん》ざいは、このしぼうのつぶのすき間《ま》に入《はい》りこんで固《かた》まりをこわすはたらきがあるんだ。これを「界面活性作用《かいめんかっせいさよう》」という。洗《せん》ざいをたらすと、しぼうの固《かた》まりはバラバラにされて、はじかれるように動《うご》くんだ。食《しょく》紅《べに》は、この動《うご》きに乗《の》って動《うご》いたんだね。

ミルクキャンバス　応用《おうよう》①

墨《すみ》流《なが》しマーブリング

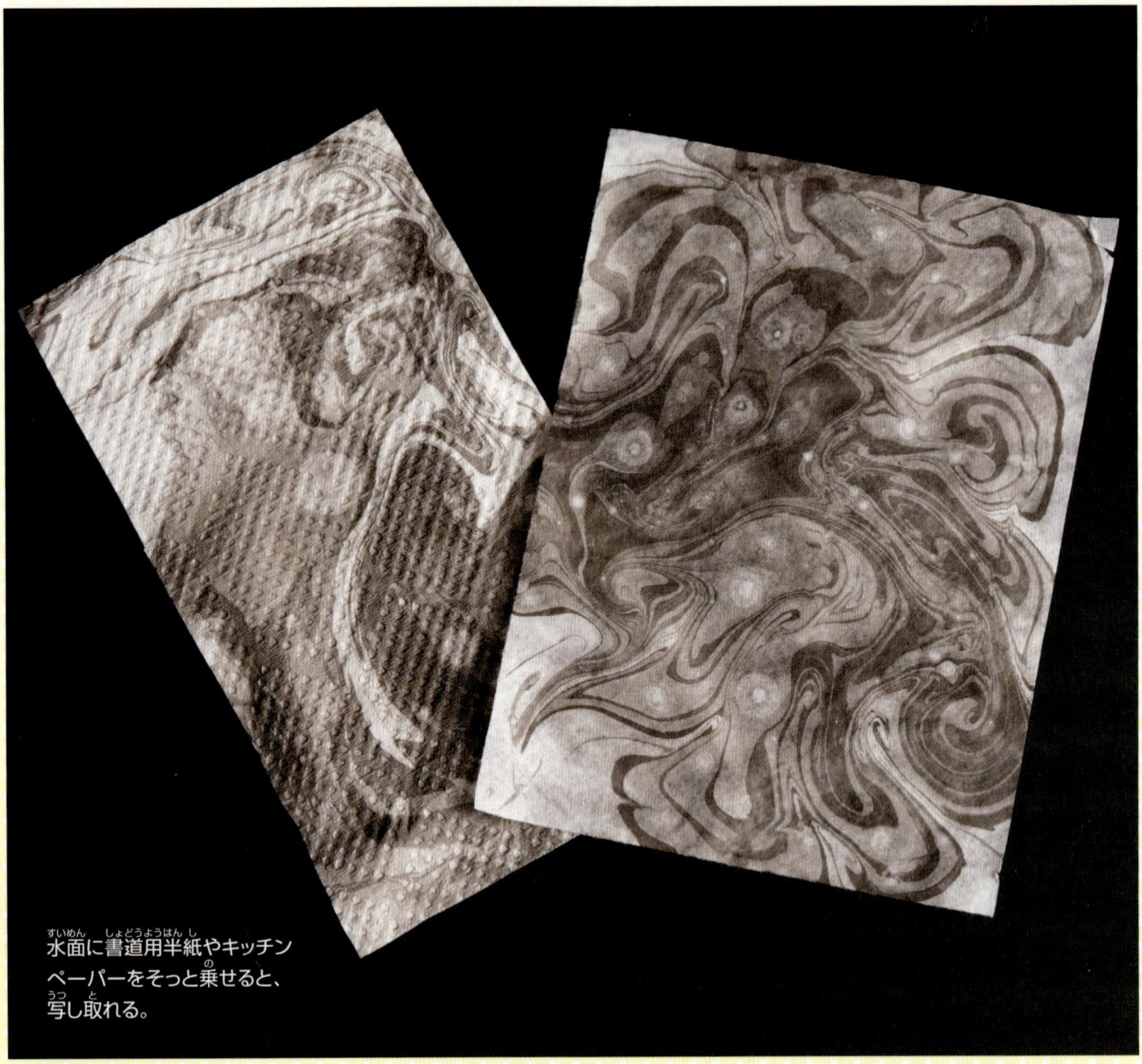

水面《すいめん》に書道用半紙《しょどうようはんし》やキッチンペーパーをそっと乗《の》せると、写《うつ》し取《と》れる。

つかうもの

- プラスチック容器《ようき》
- 竹《たけ》ぐし 2本《ほん》
- 紙《かみ》コップ 2個《こ》
- 水《みず》
- 墨《ぼく》汁《じゅう》
- 油《あぶら》

やりかた

1. プラスチック容器《ようき》に半分《はんぶん》くらい水《みず》を入《い》れる。
2. 墨汁《ぼくじゅう》を入《い》れた紙《かみ》コップと、油《あぶら》を入《い》れた紙《かみ》コップを用意《ようい》する。
3. 竹《たけ》ぐしの先《さき》に墨汁《ぼくじゅう》をつけて、水面《すいめん》につける。
4. 別《べつ》の竹《たけ》ぐしに油《あぶら》をつけて、水面《すいめん》の墨汁《ぼくじゅう》の中心《ちゅうしん》につける。

5. さらに、油《あぶら》の中心《ちゅうしん》に墨汁《ぼくじゅう》をつける。
6. ③〜⑤をくり返《かえ》す。

先生《せんせい》アドバイス

墨汁《ぼくじゅう》の黒《くろ》い色《いろ》の「すす」は、とても小《ちい》さくて水《みず》にとけないので、水面《すいめん》でうすい膜《まく》になる。油《あぶら》もすすと混《ま》じらず水面《すいめん》にうくので、ふしぎなもようになるんだ。墨流《すみなが》しは９世紀《せいき》ころから伝《つた》わる伝統的《でんとうてき》な芸術《げいじゅつ》なんだよ。

ミルクキャンバス　応用《おうよう》②

マニキュアマーブリング

マニキュアでマーブリングの
デコレーションができる。

つかうもの

- 紙《かみ》コップ
- 水《みず》
- マグネット
- マニキュア（好《す》きな色《いろ》でOK）

やりかた

1. 紙《かみ》コップに９分目《ぶんめ》くらいまで水《みず》を入《い》れる。
2. 水《みず》の上《うえ》にマニキュアを落《お》とす。
3. 別《べつ》の色《いろ》のマニキュアを落《お》とす。何色《なんしょく》かくりかえす。

4. 好《す》きなところにマグネットを当《あ》てて、マニキュアを写《うつ》し取《と》る。

マグネットに、持《も》ち手《て》としてじしゃくをつけると、持《も》ちやすくて手《て》がよごれないよ。

5. 十分《じゅうぶん》にかわかす。

先生《せんせい》アドバイス

マニキュアをつかえば、金属《きんぞく》やプラスチックなどにも写《うつ》し取《と》れるよ。もちろん、爪《つめ》にもね!　マニキュアには、たくさん吸《す》いこむと体《からだ》に有害《ゆうがい》な物質《ぶっしつ》もふくまれているので、実験《じっけん》は換気《かんき》のよいところですること!

思《おも》い出《で》を導《みちび》くキレイな実験《じっけん》

ハナにデレデレで夢中《むちゅう》なダイスケ。次《つぎ》は職員室《しょくいんしつ》へ……。

うひょポイントのかいせつ

うひょ26 金《きん》より高《たか》い青《あお》い絵《え》の具《ぐ》?

何万年《なんまんねん》も前《まえ》から、人《ひと》は絵《え》を描《か》いてきました。色《いろ》をつけるには、きれいな岩石《がんせき》を砕《くだ》いて使《つか》ってました。今《いま》でも、日本画用《にほんがよう》の絵《え》の具《ぐ》や油絵《あぶらえ》の具《ぐ》には、天然鉱物《てんねんこうぶつ》が使《つか》われています。黄色《きいろ》の硫化《りゅうか》カドミウム、赤色《あかいろ》の硫化水銀《りゅうかすいぎん》などです。なんと、アズライトやラピスラズリなどの青《あお》い絵《え》の具《ぐ》は、同《おな》じ重《おも》さの金《きん》よりも高価《こうか》なのだそうです。ところで、色《いろ》をつける物《もの》には染料《せんりょう》と顔料《がんりょう》があります。染料《せんりょう》は、粒子《りゅうし》が細《こま》かく水《みず》に溶《と》けているので透《す》き通《とお》っていて、紙《かみ》や布《ぬの》の繊維《せんい》に染《し》み込《こ》んで色《いろ》をつけます。顔料《がんりょう》は、粒子《りゅうし》が大《おお》きく、混《ま》ざっているだけなので、透明《とうめい》ではありません。紙《かみ》や布《ぬの》の表面《ひょうめん》について（固着《こちゃく》）色《いろ》を出《だ》します。食紅《しょくべに》は染料《せんりょう》、絵《え》の具《ぐ》は顔料《がんりょう》です。

絵《え》の具《ぐ》は、発色材《はっしょくざい》（顔料《がんりょう》）と、それをとく溶剤《ようざい》、顔料《がんりょう》を固着《こちゃく》する展色材《てんしょくざい》で作《つく》られます。溶剤《ようざい》には水《みず》（水彩《すいさい》）やテレピン油《ゆ》（油絵《あぶらえ》の具《ぐ》）、固着剤《こちゃくざい》にはアラビアゴム（水彩《すいさい》）や膠《にかわ》（日本画《にほんが》）、アクリル樹脂《じゅし》（アクリル絵《え》の具《ぐ》）などが使《つか》われます。水彩《すいさい》は、水《みず》が蒸発《じょうはつ》すると糊《のり》で顔料《がんりょう》が紙《かみ》につきます。光《ひかり》は顔料《がんりょう》だけでなく、透《す》けた下地《したじ》の紙《かみ》にも反射《はんしゃ》して、水《すい》

ラピスラズリは青《あお》い絵《え》の具《ぐ》に使《つか》われています。

彩《さい》ならではの透明感《とうめいかん》のある色《いろ》になります。油絵《あぶらえ》の具《ぐ》では、顔料《がんりょう》は油《あぶら》にくるまれて下地《したじ》から浮《う》くように固着《こちゃく》します。表面《ひょうめん》で反射《はんしゃ》した光《ひかり》は光沢《こうたく》として感《かん》じられます。浅《あさ》いところの顔料《がんりょう》に反射《はんしゃ》した光《ひかり》は明《あか》るい色《いろ》に、深《ふか》いところの顔料《がんりょう》に反射《はんしゃ》した光《ひかり》は深《ふか》みのある色《いろ》となります。また、油絵《あぶらえ》にはグレーズという技法《ぎほう》があります。薄《うす》い透明《とうめい》な絵《え》の具《ぐ》を薄《うす》く層状《そうじょう》に重《かさ》ね塗《ぬ》りする技法《ぎほう》です。複数《ふくすう》の顔料《がんりょう》が異《こと》なる深《ふか》さで光《ひかり》を反射《はんしゃ》することで、深《ふか》みのある色《いろ》を作《つく》り出《だ》すのです。キャンバスに何層《なんそう》にも塗《ぬ》られた絵《え》の具《ぐ》の複雑《ふくざつ》な光《ひかり》の反射《はんしゃ》。美《うつく》しい光《ひかり》と影《かげ》をキャンバスに創《つく》り出《だ》す画家《がか》たちには、その様子《ようす》が見《み》えているのでしょうか。

キレイ好《ず》きハナの記《き》憶《おく》を取《と》りもどすための実《じつ》験《けん》 その③

クロマトアサガオうちわ

ペーパーフィルターにサインペンの花《はな》がさく！

つかうもの

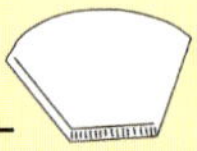

- ペーパーフィルター（白《しろ》いもの）

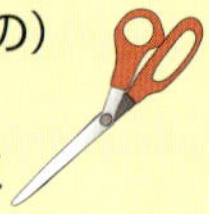

- ハサミ

- サインペン（ムラサキ、ピンク、青《あお》など2色《しょく》以《い》上《じょう》）

- 紙《かみ》コップ

- 水《みず》

- スポイト

- 白《しろ》いうちわ

1 おうぎ型《がた》の紙《かみ》をつくる

ペーパーフィルターの底《そこ》と横《よこ》を切《き》り取《と》って、おうぎ型《がた》の紙《かみ》を２枚《まい》つくる。

2 ペンで色《いろ》をつける

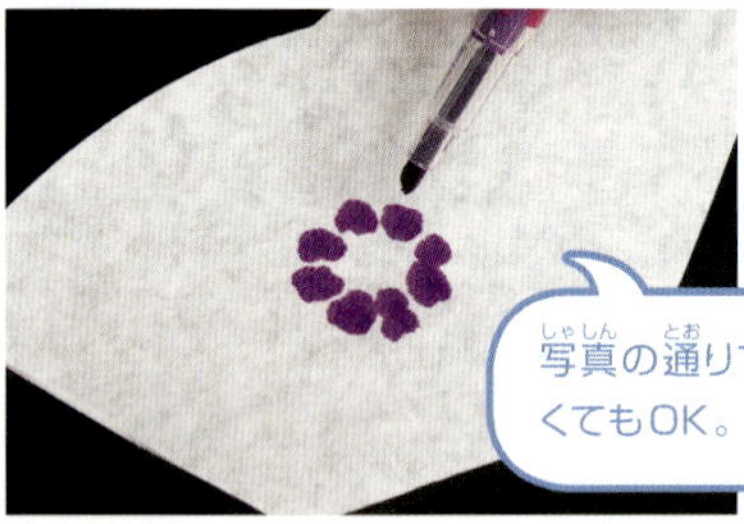

好《す》きな色《いろ》のサインペンで、写《しゃ》真《しん》のように色《いろ》をつける。

写《しゃ》真《しん》の通《とお》りでなくてもOK。

3 ちがう色《いろ》で さらに色《いろ》をつける

ちがう色《いろ》で、色《いろ》を重《かさ》ねよう。花《はな》のような形《かたち》にするとよい。

4 コップの上《うえ》に乗《の》せる

③で色《いろ》をつけた紙《かみ》を、紙《かみ》コップの上《うえ》に乗《の》せる。

5 スポイトで水《みず》を しみこませる

色《いろ》のまん中《なか》にスポイトで水《みず》を落《お》とし、しみこませる。

6 インクがにじんで 広《ひろ》がっていく

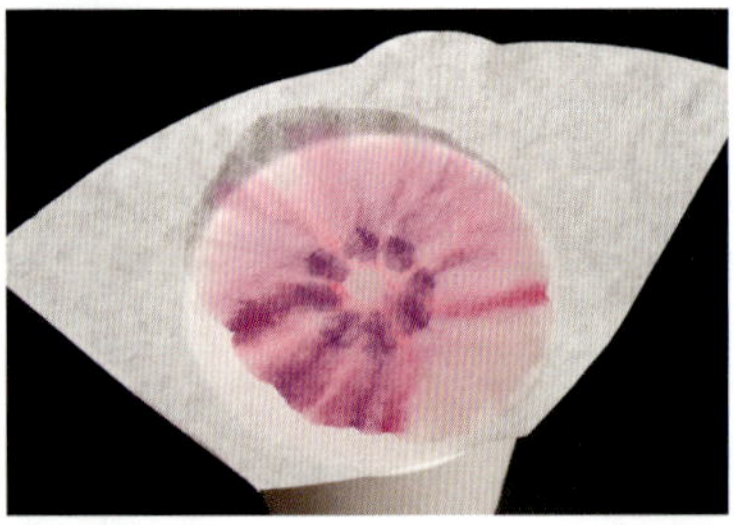

丸《まる》く広《ひろ》がったら、かわかして切《き》り取《と》り、うちわにはる。

コツ 一度、水をしみこませたあと、また別《べつ》の色《いろ》のサインペンを足《た》して水《みず》をしみこませると、いろとりどりの花《はな》ができるよ。

むずかしさ

★★★　★★　★

かかる時間《じかん》

30分

いくつかつくってうちわにはると、
すてきなうちわができあがる。

キレイな
アサガオがさいたわ!

なんでこうなる?

サインペンのインクは、なぜ広《ひろ》がるの?

紙のすきまにインクがひっぱられていくからなんだ

インクがペーパーフィルターに広《ひろ》がっていくのは、ペーパーフィルターにある細《こま》かいすきまにインクがひっぱられるように動《うご》いていくからだよ。これを「毛細管現象《もうさいかんげんしょう》」というんだ。91ページのティッシュの実験《じっけん》もこの現象《げんしょう》を利用《りよう》しているから見直《みなお》してみよう。

クロマトアサガオうちわ　応用《おうよう》

ペーパークロマトグラフィー

展開液《てんかいえき》にとけたインクが
のぼっていく。

つかうもの

- 白《しろ》いペーパーフィルター（大《だい》）
- コップ
- 割《わ》りばし（半分《はんぶん》に切《き》る）
- クリップ
- サインペン
- 水《みず》、消毒用《しょうどくよう》エタノール

やりかた

1. ペーパーフィルターを、約《やく》3×9cmに切《き》る（これがクロマト用紙《ようし》）。
2. ❶の下《した》から2cmのところにえんぴつで1cmの線《せん》をひく。
3. サインペンでその上《うえ》をなぞる。
4. コップに水《みず》あるいは消毒用《しょうどくよう》エタノールを2cmくらい入《い》れる。
5. 上《うえ》の写真《しゃしん》のようにセットする。

先生《せんせい》アドバイス

コップに入《い》れた水《みず》や消毒用《しょうどくよう》エタノールを「展開液《てんかいえき》」というんだ。サインペンのインクが展開液《てんかいえき》の1cmくらい上《うえ》になるようにクリップで長《なが》さを調整《ちょうせい》しよう。

いろんなペンで試《ため》してみよう

混《ま》ざっているものを分《わ》ける方法《ほうほう》のひとつにクロマトグラフィーがある。「クロマト」は色《いろ》、「グラフ」は記録《きろく》という意味《いみ》だ。ミハエル・ツヴェットというロシアの植物学者《しょくぶつがくしゃ》が考《かんが》え出《だ》した方法《ほうほう》なんだ。この実験《じっけん》のように、ろ紙《し》をつかう方法《ほうほう》を「ペーパークロマトグラフィー」という。

【4種類《しゅるい》の緑《みどり》のインクを水《みず》とアルコールで展開《てんかい》した結果《けっか》】

1
水《みず》
エタノール

2
水《みず》
エタノール

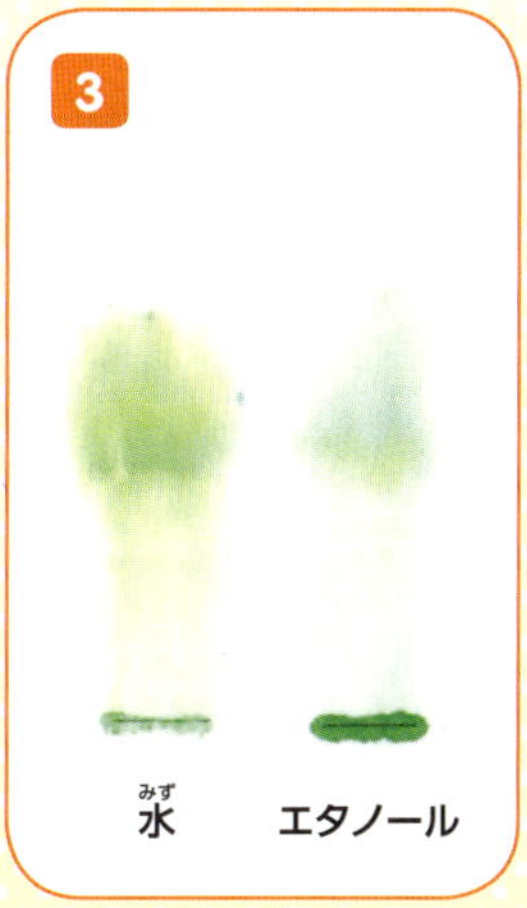
3
水《みず》
エタノール

4
水《みず》
エタノール

インクのちがいで比《くら》べる

緑《みどり》のインクは青《あお》と黄色《きいろ》のインクを混《ま》ぜてつくられている。でも、インクによって青《あお》と黄色《きいろ》のわかれかたがちがっている。これは、同《おな》じ青《あお》と黄色《きいろ》でもメーカーによって、ちがう種類《しゅるい》のインクをつかっているからだ。

展開液《てんかいえき》のちがいで比《くら》べる

同《おな》じインクでも、展開液《てんかいえき》が水《みず》かエタノールかによって流《なが》れかたがちがっている。インクによって水《みず》とエタノールへのとけやすさがちがうからだ。

【ムラサキと茶色《ちゃいろ》の油性《ゆせい》インク】

↑ムラサキ色《いろ》と茶色《ちゃいろ》の油性《ゆせい》インクをエタノールで展開《てんかい》した。いろいろな色《いろ》が混《ま》ざっていることがわかる。

【黒《くろ》の油性《ゆせい》インク】

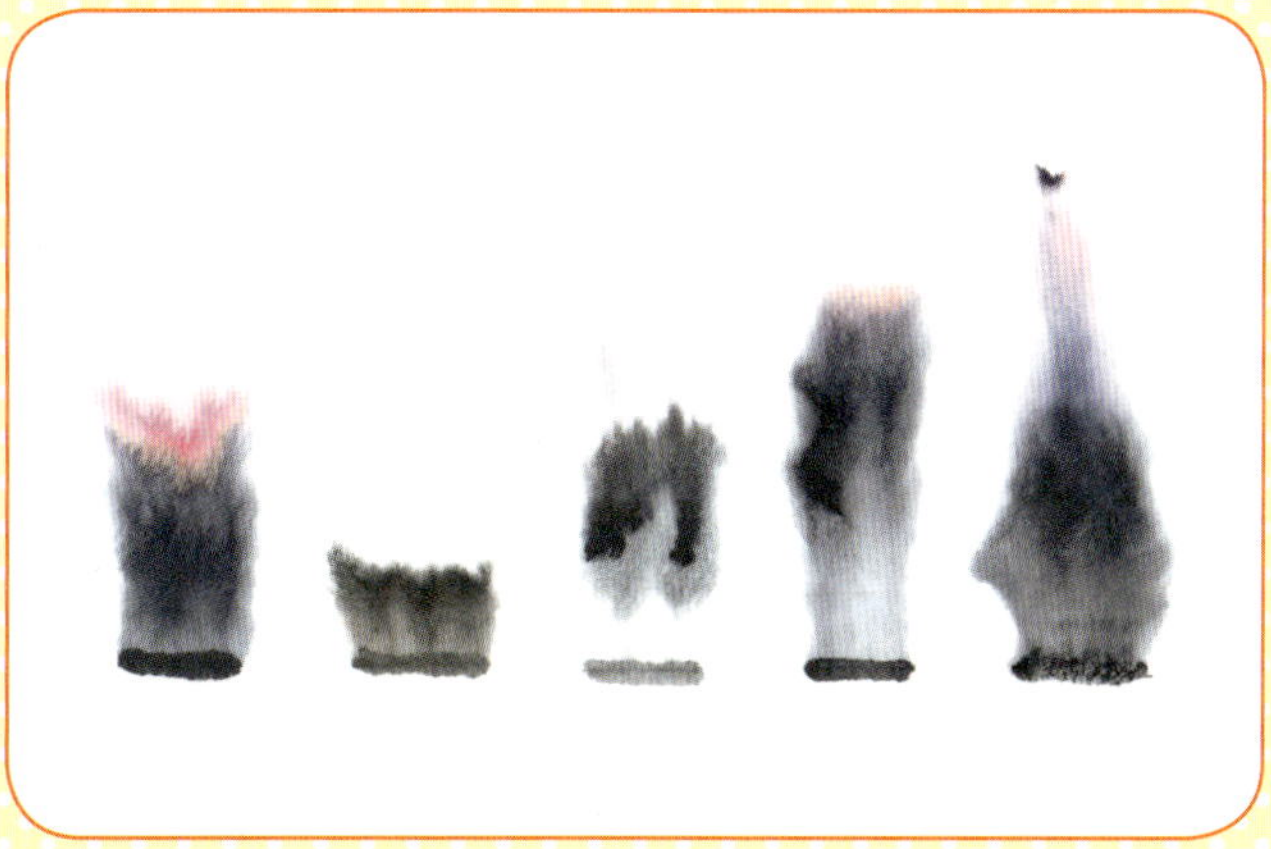

↑黒色《くろいろ》の油性《ゆせい》インクをエタノールで展開《てんかい》した。同《おな》じ黒色《くろいろ》でもメーカーによってちがうインクであることがわかる。

キレイ好《ず》きハナの記憶《きおく》を取《と》りもどそう! ④

色《いろ》の料理《りょうり》実験《じっけん》

順調《じゅんちょう》に記憶《きおく》を思《おも》い出《だ》すハナ。記憶《きおく》に出《で》てくるかげはだれなのか……。

うひょポイントのかいせつ

うひょ27 良薬《りょうやく》は口《くち》に苦《にが》し?

苦《にが》いコーヒーといいますが、もっと苦《にが》いものはたくさんあります。身近《みぢか》なところでは、ニガウリ(ゴーヤ)。名前《なまえ》を聞《き》いただけで苦《にが》そうですね。そのニガウリよりもっと苦《にが》いのがキニーネ。アカキナノキという植物《しょくぶつ》に含《ふく》まれる成分《せいぶん》です。1ppm(100万分《まんぶん》の1)に薄《うす》めても苦味《にがみ》を感《かん》じるほどで、苦味《にがみ》の標《ひょう》準物質《じゅんぶっしつ》として味覚《みかく》の試験《しけん》にも使《つか》われています。キニーネは、スーパーで売《う》られています。といっても、トニックウォーターという炭《たん》酸飲料《さんいんりょう》に、苦味《にがみ》の成分《せいぶん》として含《ふく》まれているだけですが。

キニーネは、「マラリア」という病気《びょうき》の代《だい》表的《ひょうてき》な治療薬《ちりょうやく》でした。まさに、「良薬《りょうやく》は口《くち》に苦《にが》し」ですね。マラリアは、ハマダラカという蚊《か》が媒介《ばいかい》するマラリア原虫《げんちゅう》の感染症《かんせんしょう》です。熱帯《ねったい》から亜熱帯地方《あねったいちほう》に多《おお》く、毎年《まいとし》、2億《おく》人以上《にんいじょう》がかかり、200万人《まんにん》が死亡《しぼう》していると推計《すいけい》されています。このマラリアが発生《はっせい》する地域《ちいき》には、鎌形赤血球症《かまがたせっけっきゅうしょう》という病気《びょうき》にかかっている人《ひと》たちがいます。赤血球《せっけっきゅう》が、鎌《かま》形《がた》(三日月形《みかづきがた》)になって、壊《こわ》れやすいので貧《ひん》血《けつ》を起《お》こします。遺伝《いでん》する病気《びょうき》で、DNAの

約《やく》30億《おく》対《つい》の組合《くみあわ》せの、一《いっ》か所《しょ》だけが変化《へんか》していいます。このような変異《へんい》を点突然変異《てんとつぜんへんい》といいます。

なぜ、マラリアが流行《りゅうこう》する地帯《ちたい》に、鎌形《かまがた》赤《せっ》血球症《けっきゅうしょう》が多《おお》いのでしょうか。実《じつ》は、鎌形《かまがた》赤血《せっけっ》球症《きゅうしょう》の人《ひと》は、マラリアにかからないのです。マラリア原虫《げんちゅう》は赤血球《せっけっきゅう》に寄生《きせい》しますが、鎌形《かまがた》赤血球《せっけっきゅう》はすぐ壊《こわ》れてしまうので寄生《きせい》できないのです。鎌形赤血球症《かまがたせっけっきゅうしょう》はひどい貧血《ひんけつ》になったり、細菌《さいきん》やウイルスに感染《かんせん》しやすくなったりするので、症状《しょうじょう》が重《おも》くなり、命《いのち》を落《お》とすこともある病気《びょうき》です。でも、症状《しょうじょう》が軽《かる》い場合《ばあい》には、マラリアに感染《かんせん》しない鎌形赤血球《かまがたせっけっきゅう》は生《い》き残《のこ》りに有利《ゆうり》にはたらきます。ですから、マラリアに感染《かんせん》する危険《きけん》が高《たか》い地域《ちいき》では、鎌形《かまがた》赤血球症《せっけっきゅうしょう》の人《ひと》たちが多《おお》いのです。

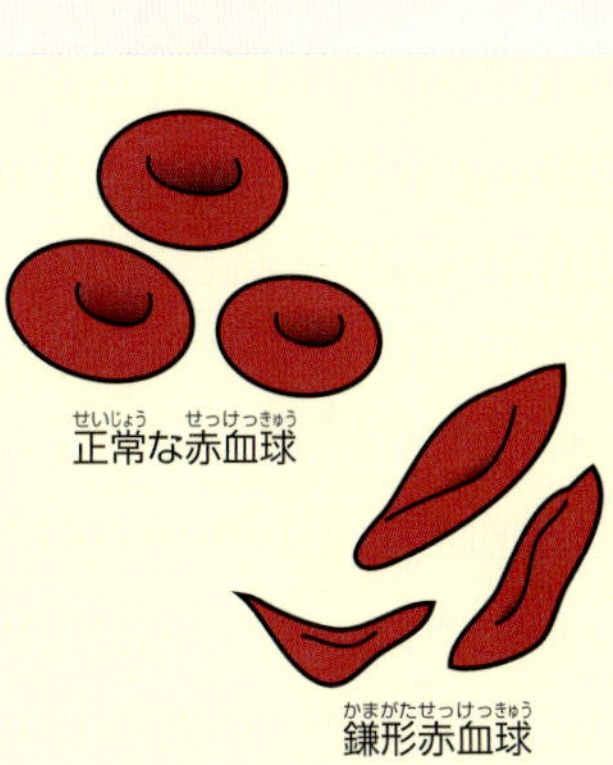

キレイ好《ず》きハナの記憶《きおく》を取《と》りもどすための実験《じっけん》 その④

カメレオンやきそば

ムラサキキャベツで、やきそばをつくったら!?

つかうもの

- ムラサキキャベツ
- やきそば
- 具《ぐ》（タマネギ、ニンジン、ソーセージなど）
- ほうちょう、まな板《いた》
- ホットプレート
- さいばし
- 油《あぶら》
- 水《みず》
- 食塩《しょくえん》

1 具《ぐ》を切《き》る

ムラサキキャベツ、タマネギ、ニンジン、ソーセージなどを食《た》べやすい大《おお》きさに切《き》る。

2 ムラサキキャベツをいためる

ホットプレートに油《あぶら》をひいて、ムラサキキャベツをいためる。

3 その他《ほか》の具《ぐ》をいためる

ムラサキの色《いろ》があざやかになったら、その他《ほか》の具《ぐ》もいためる。

4 やきそばを入《い》れる

やきそばをほぐさずに入《い》れる。

5 水《みず》を加《くわ》える

水《みず》をやきそばの上《うえ》から加《くわ》える。3～4分《ふん》蒸《む》したら、ほぐしながら混《ま》ぜる。

フタをして3～4分《ふん》蒸《む》したらよく混《ま》ぜるのよ。そのあと、食塩《しょくえん》をふりかけて味《あじ》をつけて!

むずかしさ

★★★ ★★ ★

かかる時間《じかん》

30～40分

⚠ ほうちょうや火《ひ》をつかう実験《じっけん》は、保護者《ほごしゃ》といっしょに行《おこな》うこと！

やきそばと具《ぐ》をよく混《ま》ぜると、
やきそばが緑色《みどりいろ》にそまる。

きれーい!
やきそばが緑《みどり》に
なっちゃった!

なんでこうなる ?

なんでやきそばが緑色《みどりいろ》に変《か》わるの?

ムラサキキャベツの色素《しきそ》のせいなんだ

ムラサキキャベツには、酸性《さんせい》やアルカリ性《せい》で色《いろ》が変《か》わるアントシアニンという色素《しきそ》がふくまれている。アントシアニンは酸性《さんせい》のものにふれるとピンクに、アルカリ性《せい》のものにふれると青《あお》や緑《みどり》、黄色《きいろ》になるんだ。やきそばには「かん水《すい》」というアルカリ性《せい》の成分《せいぶん》がふくまれているので、アントシアニンが緑色《みどりいろ》になったんだね。

色《いろ》変《へん》化《げ》ホットケーキ

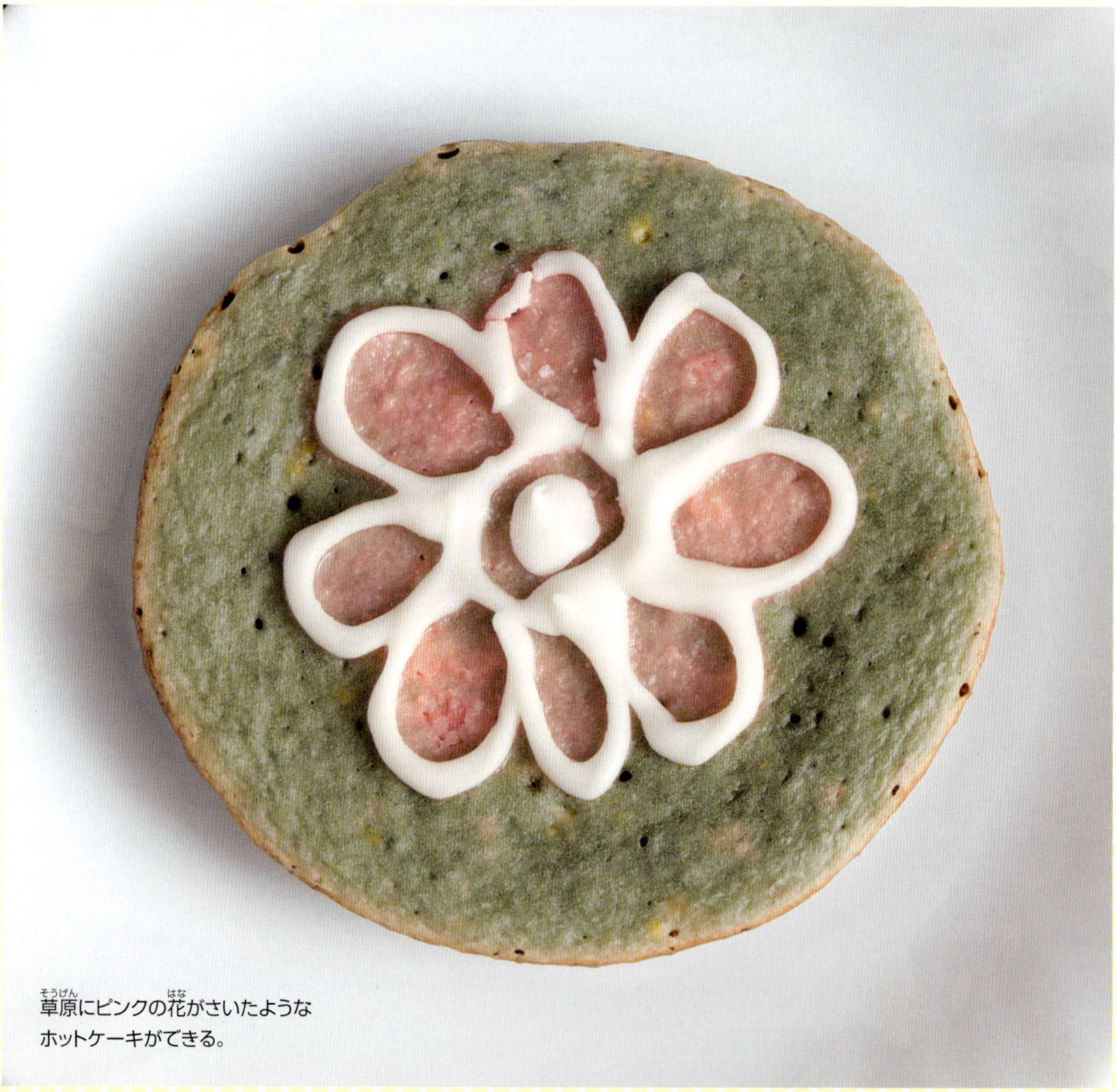

草原《そうげん》にピンクの花《はな》がさいたような
ホットケーキができる。

つかうもの

- ホットケーキ粉《こ》
- 卵《たまご》
- 牛乳《ぎゅうにゅう》
- ムラサキイモ色素《しきそ》（食紅《しょくべに》）
- レモン
- チョコペン

※ムラサキイモ色素《しきそ》（食紅《しょくべに》）は大手《おおて》ＤＩＹショップまたはインターネットで買《か》える。

やりかた

1. パッケージにあるつくりかたにしたがって生地《きじ》をつくる。
2. ムラサキイモ色素《しきそ》で生地《きじ》に色《いろ》をつけて焼《や》く。
3. 焼《や》きあがったケーキにチョコペンで花《はな》の絵《え》を描《か》く。
4. 花《はな》びらの部分《ぶぶん》にレモンをたらす。

先生《せんせい》アドバイス

ホットケーキ粉《こ》に入《はい》っている重《じゅう》そうは、焼《や》くと二酸化炭素《にさんかたんそ》と水《みず》と炭酸《たんさん》ナトリウムに分解《ぶんかい》される。アントシアニン（ムラサキイモ色素《しきそ》）は、アルカリ性《せい》の炭酸《たんさん》ナトリウムで緑色《みどりいろ》に、酸性《さんせい》のレモンでピンク色《いろ》になったんだよ。

カメレオンやきそば 応用《おうよう》❷

カレー？　ケチャップ？

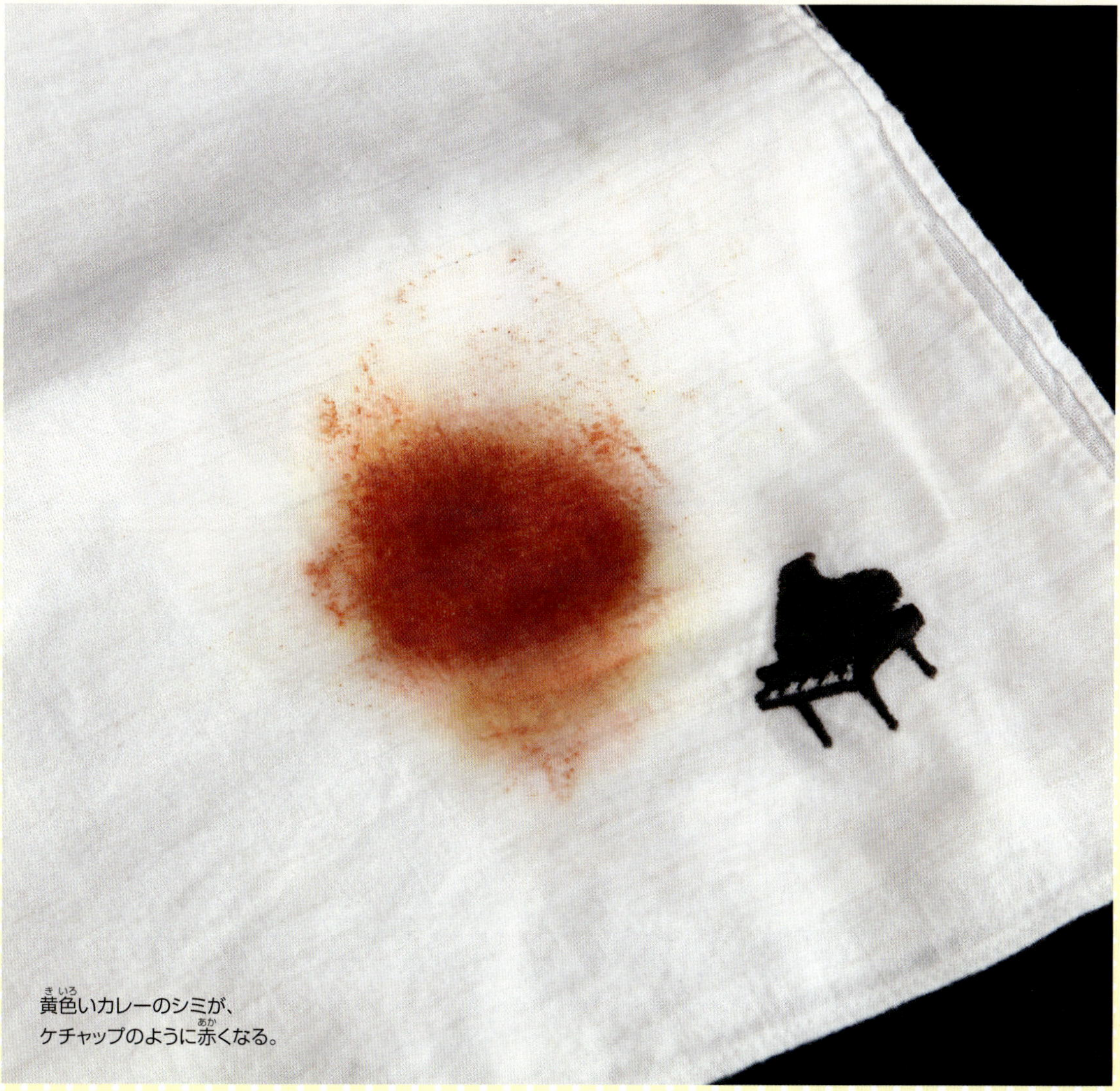

黄色《きいろ》いカレーのシミが、
ケチャップのように赤《あか》くなる。

つかうもの

- ターメリック（カレー粉）
- 固形石《こけいせっ》けん
- 白《しろ》い布《ぬの》

やりかた

1. 白《しろ》い布《ぬの》をターメリック（カレー粉《こ》）でよごす。
2. 固形石《こけいせっ》けんで洗《あら》う。

先生《せんせい》アドバイス

カレーの黄色《きいろ》は、ターメリックという香辛料《こうしんりょう》（カレー粉《こ》）にふくまれているクルクミンという色素《しきそ》の色《いろ》なんだ。クルクミンには、アルカリ性《せい》では赤《あか》くなる性質《せいしつ》がある。石《せっ》けんはアルカリ性《せい》なので、洗《あら》ったあとが赤《あか》くなったんだね。カレーのシミは固形石《こけいせっ》けんで洗《あら》っちゃダメだよ。

好《す》きなあの人《ひと》のかげを見《み》つけよう

ハナの好《す》きな人《ひと》が気《き》になり不安《ふあん》なダイスケ。最後《さいご》は実験室《じっけんしつ》へ……。

うひょポイントのかいせつ

うひょ28 サイコーにおいしくって シアワセ!?

なんでご飯《はん》を食《た》べるの? おなかがすくから! そうだけど、本当《ほんとう》は違《ちが》います。私《わたし》たちは、生《い》きていくためのエネルギーと体《からだ》を作《つく》る材料《ざいりょう》を補給《ほきゅう》するために食《た》べるのです。このはたらきを、栄養《えいよう》といいます。栄養《えいよう》に使《つか》われるご飯《はん》の成分《せいぶん》が栄養素《えいようそ》です。だから、「栄養《えいよう》満点《まんてん》」は、本当《ほんとう》は「栄養素満点《えいようそまんてん》」なんです。

昔《むかし》は、「営養《えいよう》」という漢字《かんじ》でした。体《からだ》を養《やしな》う営《いとな》みです。でも、食《た》べることはそれだけではありません。大好《だいす》きな人《ひと》たちと一緒《いっしょ》に食《た》べれば、いつもよりおいしくってとっても幸《しあわ》せな気持《きも》ちになります。営養《えいよう》よりも栄養《えいよう》のほうがぴったりだと思《おも》いませんか?

ところで、私《わたし》たちは、味《あじ》をどのようにして感《かん》じるのでしょうか。舌《した》には、たくさんの「味蕾《みらい》」という味《あじ》を感《かん》じる器官《きかん》があります。味蕾《みらい》は、甘味《あまみ》、酸味《さんみ》、塩味《えんみ》、苦味《にがみ》、うま味《み》の5種類《しゅるい》の味《あじ》を感《かん》じ取《と》ります。うま味《み》が正式《せいしき》に味《あじ》と認《みと》められたのは2000年《ねん》ですが、実《じつ》は、コンブのうま味成分《みせいぶん》のグルタミン酸《さん》は1907年《ねん》に池田菊苗博士《いけだきくなえはかせ》によって発見《はっけん》されていました。味蕾《みらい》がうま味《み》を感《かん》じることが確《たし》かめられるまでに100年近《ねんちか》くかかっ

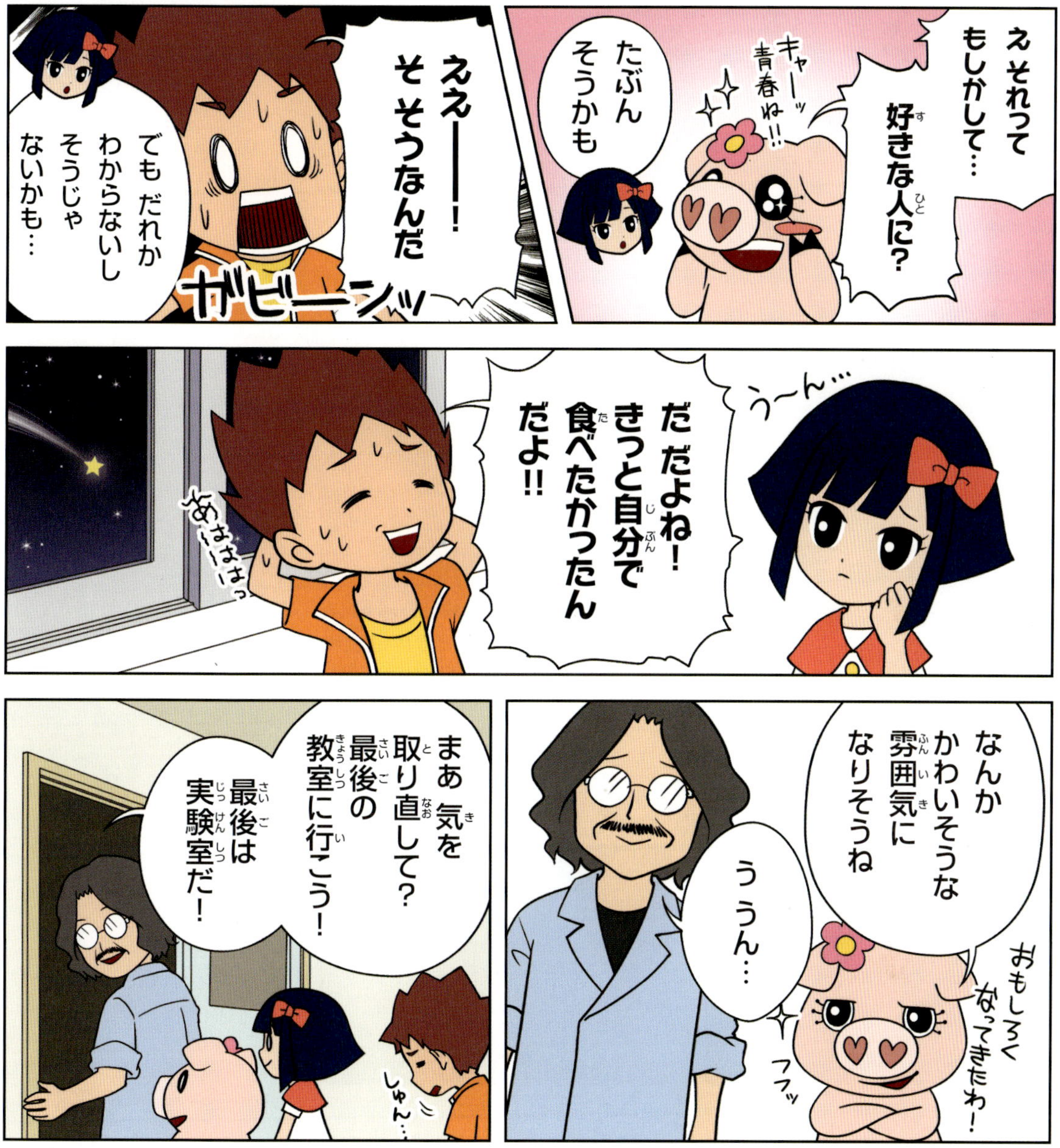
えそれって もしかして… 好《す》きな人《ひと》に?
キャーッ 青春ね!!
たぶん そうかも
ええーーー! そ そうなんだ
ガビーンッ
でも だれか わからないし そうじゃ ないかも…
う～ん…
だ だよね! きっと自分《じぶん》で 食《た》べたかったん だよ!!
あははは
なんか かわいそうな 雰囲気《ふんいき》に なりそうね
ううん…
おもしろく なってきたわ!
フフッ
まあ 気《き》を 取《と》り直《なお》して? 最後《さいご》の 教室《きょうしつ》に行《い》こう!
最後《さいご》は 実験室《じっけんしつ》だ!
しゅん…

たのです。味蕾《みらい》で感《かん》じた味《あじ》は脳《のう》に伝《つた》えられます。脳《のう》では、見《み》た目《め》や音《おと》、においやその味《あじ》にまつわる思《おも》い出《で》などが加《くわ》えられます。同《おな》じ食《た》べ物《もの》を食《た》べても、悲《かな》しいときに一人《ひとり》で食《た》べるときと、みんなで楽《たの》しく食《た》べるときでは味《あじ》が違《ちが》うのです。最高《さいこう》においしく食《た》べて、幸《しあわ》せな気分《きぶん》になりたいですね!

味《あじ》の感《かん》じ方《かた》のおもしろい実験《じっけん》があります。鼻《はな》をつまんで食《た》べると、甘《あま》い味《あじ》を感《かん》じません。また、ギムネマ茶《ちゃ》というお茶《ちゃ》を飲《の》んでからチョコを食《た》べると、甘《あま》さを感《かん》じませんし、ミラクルフルーツというふしぎな果物《くだもの》を口《くち》に含《ふく》んでからレモンをかじってみると、酸《す》っぱいはずが甘《あま》く感《かん》じます。ぜひ、試《ため》してみてください。

味蕾細胞《みらいさいぼう》
舌《した》の表面《ひょうめん》
口《くち》で「温《あたた》かい! 冷《つめ》たい!」など
目《め》で「おいしそう!」
鼻《はな》で「いいにおい!」
舌《した》で「甘《あま》い! 苦《にが》い! 塩《しお》からい! すっぱい!」

キレイ好《ず》きハナの記憶《きおく》を取《と》りもどすための実験《じっけん》 その⑤

レインボーカクテル

LEDで光《ひかり》のアートをつくろう！

つかうもの

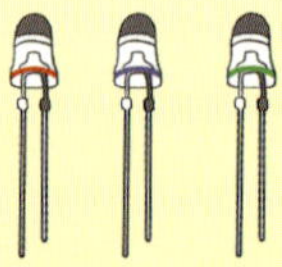

●LED
(赤《あか》、青《あお》、緑《みどり》)

●ボタン電池《でんち》
(CR2032) 3個《こ》

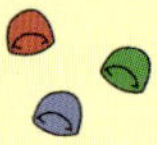

●拡散《かくさん》キャップ
(赤《あか》、青《あお》、緑《みどり》)

●セロハンテープ

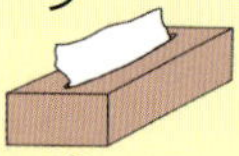

●ティッシュ

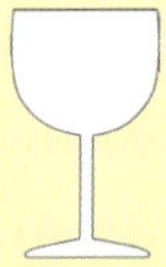

●グラス

※LEDは大手DIYショップまたはインターネットで買える。

ポイント

はがしやすいように、テープにおりかえしをつけておく。

1 LEDに同《おな》じ色《いろ》の拡散《かくさん》キャップをかぶせる

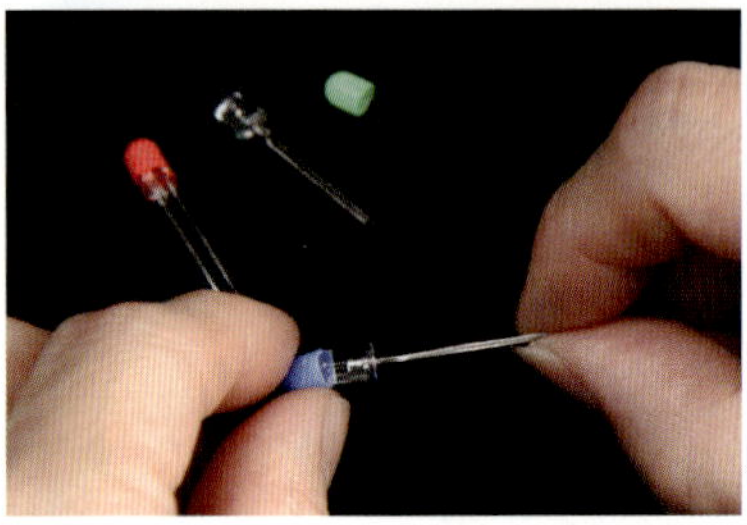

赤《あか》・緑《みどり》・青《あお》のLEDに同《おな》じ色《いろ》の拡散《かくさん》キャップをかぶせる。

2 LEDをボタン電池にっける

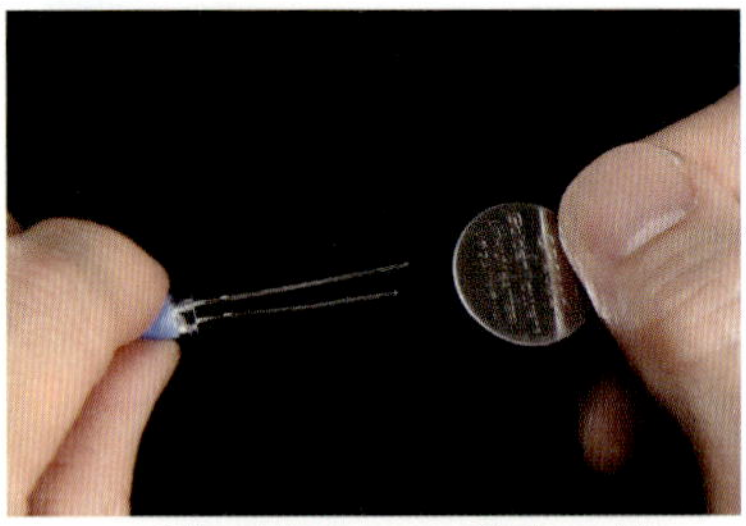

LEDの長《なが》い足《あし》とボタン電池《でんち》の平《たい》らな面《めん》(＋《ぷらす》)、短《みじか》い足《あし》とデコボコの面《めん》(－《まいなす》)を合わせてはさむ。LEDが光《ひか》る。

3 LEDと電池《でんち》を固定《こてい》する

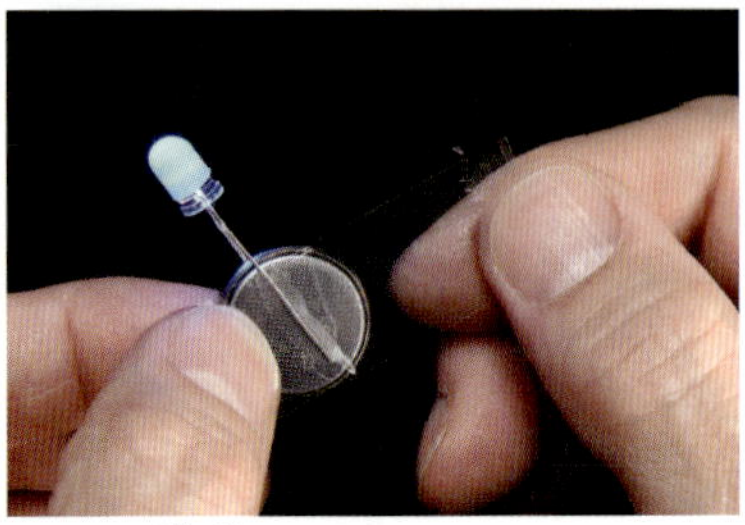

LEDと電池《でんち》がはずれないように、セロハンテープでとめる。

4 3色《しょく》のLEDと電池《でんち》をセットする

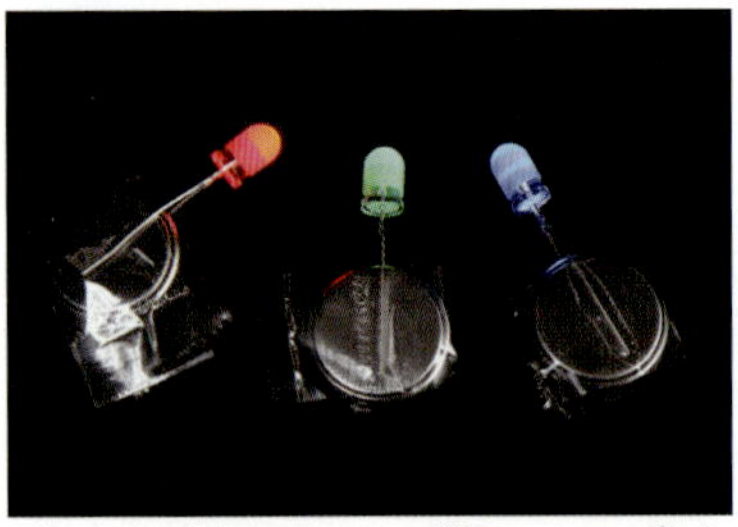

残《のこ》りの2色《しょく》のLEDも同《おな》じように電池《でんち》につける。

5 LEDをティッシュで包《つつ》む

LEDを1色《しょく》あるいは2色《しょく》、3色《しょく》と合わせてティッシュでくるむ。

むずかしさ

★★★ ★★ ★

かかる時間《じかん》

30～40分

⚠ LEDの光《ひかり》をのぞきこまないこと。人《ひと》に向《む》けてもいけないよ。

LEDライトの色《いろ》の組《く》み合《あ》わせを変《か》えれば、
レインボーカクテルが完成《かんせい》する。

わー、キレイ!
なんだか
なつかしい
感《かん》じがするわ!

なんでこうなる?

どうしていろいろな色《いろ》ができるの?

光《ひかり》の三原色《さんげんしょく》の足《た》し算《ざん》なんだ

赤《あか》、緑《みどり》、青《あお》を「光《ひかり》の三原色《さんげんしょく》」という。

- 赤《あか》+緑《みどり》=黄色《きいろ》（イエロー）
- 赤《あか》+青《あお》=ムラサキ（マゼンタ）
- 緑《みどり》+青《あお》=水色《みずいろ》（シアン）
- 赤《あか》+緑《みどり》+青《あお》=白《しろ》

テレビやパソコンの画面《がめん》もこの3色《しょく》の小《ちい》さな点《てん》がたくさん集《あつ》まってできているんだよ。

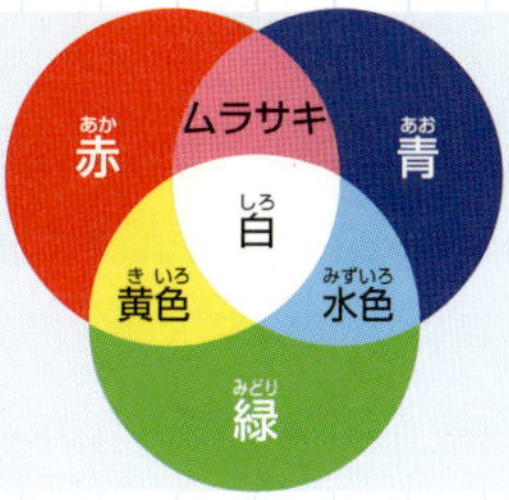
赤《あか》
ムラサキ
青《あお》
白《しろ》
黄色《きいろ》
水色《みずいろ》
緑《みどり》

キレイ好《ず》きハナの記憶《きおく》を取《と》りもどすための実験《じっけん》 その❻

レインボーシャドー

かげの色《いろ》は……黒《くろ》！　ほんとうにそうなのかな？

むずかしさ

★★★　**★★**　★

かかる時間《じかん》

30～40分

つかうもの

●かげをつくるもの
（今回はフィギュアをつかった）

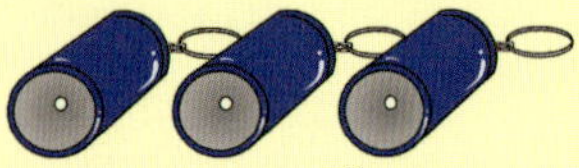

●LEDライト 3本《ほん》

●セロハンテープ

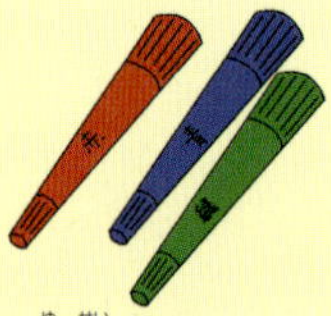

●油性《ゆせい》マジック 3色《しょく》
（赤《あか》、青《あお》、緑《みどり》）

1 LED ライトに セロハンテープをはる

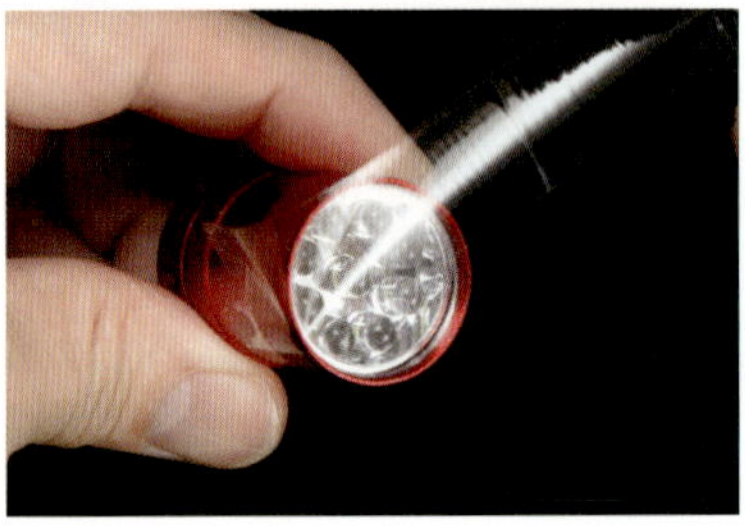

LEDライトにセロハンテープをすきまなくはる。

2 マジックで色《いろ》をぬる

セロハンテープをはった部分《ぶぶん》に青《あお》のマジックをぬる。

3 上《うえ》からテープをはる

❷の上《うえ》から、さらにセロハンテープを重《かさ》ねてはる。

4 マジックで 色《いろ》を重《かさ》ねてぬる

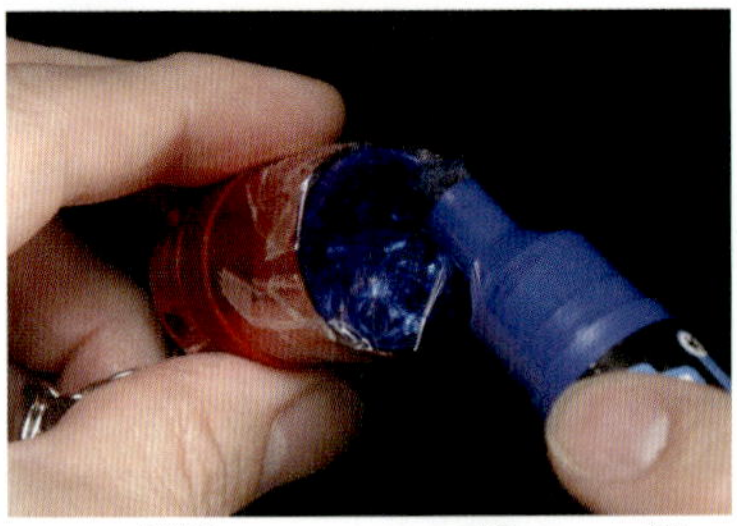

さらに青色《あおいろ》のマジックで色《いろ》をぬり重《かさ》ねる。もう一度《いちど》くりかえす。

5 3色《しょく》の LED ライトを つくる

赤《あか》、緑《みどり》も❶～❹の作業《さぎょう》を行《おこな》い、3色《しょく》のライトをつくる。

6 ライトをセットする

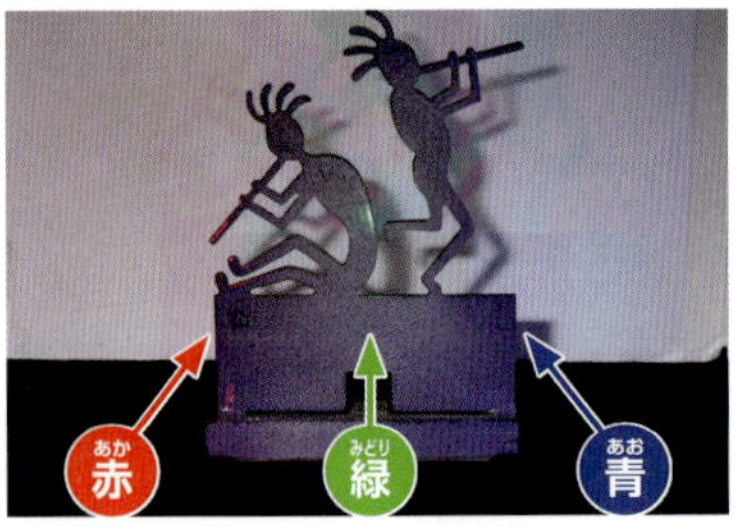

3色《しょく》のLEDライトの光《ひかり》をはなしてあてる。

コツ インクの種類《しゅるい》によって、うすかったり、こかったりするよ。光《ひかり》をつけたときに色《いろ》がこく出《で》るくらいまで、色《いろ》ぬりとセロハンテープはりをくりかえそう。

7色《しょく》のかげができる。

なんでこうなる?

どうしていろんな色《いろ》のかげができるの?

光《ひかり》の3原色《げんしょく》の引《ひ》き算《ざん》なんだ

①赤《あか》いLEDライトをつけると、かげは黒《くろ》。

②赤《あか》と青《あお》のLEDライトをつけるとかげが2つできる。右《みぎ》のかげは赤《あか》の光《ひかり》のかげ。青《あお》い光《ひかり》だけが当《あ》たっているので、青《あお》いかげができるんだ。左《ひだり》のかげは青《あお》い光《ひかり》のかげ。赤《あか》い光《ひかり》だけが当《あ》たっているので、赤《あか》いかげができるんだ。

③赤《あか》、緑《みどり》、青《あお》を同時《どうじ》につけると、かげが3つできる。右《みぎ》のかげは赤《あか》い光《ひかり》が当《あ》たらず、緑《みどり》と青《あお》い光《ひかり》が当《あ》たるので、水色《みずいろ》(シアン)のかげができる。まん中《なか》のかげは、緑《みどり》以外《いがい》の赤《あか》と青《あお》の光《ひかり》が当《あ》たるので、ムラサキ(マゼンタ)になる。左《ひだり》のかげは、青《あお》以外《いがい》の赤《あか》と緑《みどり》の光《ひかり》が当《あ》たるので黄色《きいろ》(イエロー)になるんだ。ちなみに、全部《ぜんぶ》の色《いろ》が当《あ》たるところは白《しろ》になるよ。

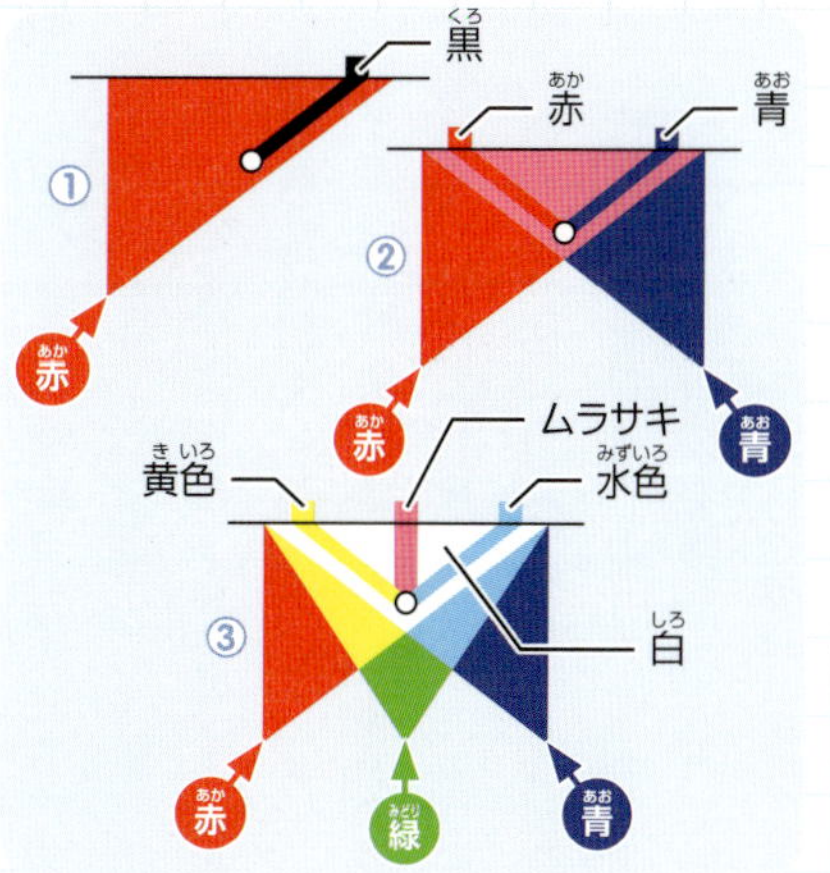

記憶《きおく》を取《と》りもどしたハナの決心《けっしん》

ハナの思《おも》いの人《ひと》がついに明《あき》らかに。ダイスケの恋《こい》の行方《ゆくえ》は……。

うひょポイントのかいせつ

うひょ29 まぼろしの青《あお》いバラと青《あお》いLED

かつて、世界中《せかいじゅう》の愛好家《あいこうか》が、青《あお》い色《いろ》のバラを生《う》み出《だ》そうと試《こころ》みては失敗《しっぱい》を重《かさ》ねてきました。「ブルーローズ」という英語《えいご》は、「この世《よ》にないもの」を意味《いみ》するほどだったのです。今《いま》では、遺伝子組換《いでんしくみか》え技術《ぎじゅつ》によって、だれもが青《あお》いバラを手《て》に取《と》ることができるようになりました。

同《おな》じように、青色《あおいろ》のLED（発光《はっこう》ダイオード）も研究者《けんきゅうしゃ》にとっては永年《ながねん》の課題《かだい》でした。1961年《ねん》に赤色《あかいろ》LEDが発明《はつめい》され、黄《き》色《いろ》、緑色《みどりいろ》と続《つづ》きましたが、青色《あおいろ》はなかなか作《つく》ることができなかったのです。世界中《せかいじゅう》の技術《ぎじゅつ》者《しゃ》が努力《どりょく》を重《かさ》ね、1993年《ねん》にようやく実《じつ》用的《ようてき》な青色《あおいろ》LEDが発明《はつめい》されました。このときの功績《こうせき》から、赤崎勇博士《あかさきいさむはかせ》、天野浩博《あまのひろしはか》士《せ》、中村修二博士《なかむらしゅうじはかせ》が2014年《ねん》のノーベル物理学賞《ぶつりがくしょう》を受賞《じゅしょう》しました。

ダイオードは、条件《じょうけん》によって、金属《きんぞく》のように電気《でんき》を流《なが》したり（導体《どうたい》）、紙《かみ》や木《き》のように、電気《でんき》を流《なが》さなかったり（絶縁体《ぜつえんたい》）するために、半導体《はんどうたい》と呼《よ》ばれます。ダイオードが発光《はっこう》する現象《げんしょう》は、20世紀《せいき》の初頭《しょとう》には知《し》られていましたが、赤色《あかいろ》LEDとして商品化《しょうひんか》されるま

青色《あおいろ》LEDは街中《まちなか》のイルミネーションなどたくさん使《つか》われています。

では半世紀以上《はんせいきいじょう》かかりました。発光《はっこう》の色《いろ》は、半導体《はんどうたい》の素材《そざい》によって決《き》まります。たとえば、赤色《あかいろ》にはガリウムヒ素《そ》、青色《あおいろ》には窒化《ちっか》ガリウムが使《つか》われています。青色《あおいろ》が加《くわ》わることにより、光《ひかり》の三原色《さんげんしょく》（赤《あか》、青《あお》、緑《みどり》）がそろい、さらに高輝度《こうきど》（明《あか》るい）のものが開発《かいはつ》されたことで応用範囲《おうようはんい》が飛躍的《ひやくてき》に広《ひろ》がりました。これまでの電球《でんきゅう》よりも寿命《じゅみょう》が長《なが》く、省《しょう》エネでもある電球型《でんきゅうがた》や蛍光灯型《けいこうとうがた》のLEDが作《つく》られています。

赤外線《せきがいせん》LEDは、テレビのリモコンなどに幅広《はばひろ》く使《つか》われています。また、通信用《つうしんよう》の光《ひかり》ファイバーには半導体《はんどうたい》レーザーダイオード（LD）が利用《りよう》され、海底《かいてい》ケーブルの容量《ようりょう》、品質《ひんしつ》が改善《かいぜん》されました。インターネットで世《せ》界《かい》につながることができるのにも、LEDの技術《ぎじゅつ》が役立《やくだ》てられているのです。

うひょポイントのかいせつ

うひょ30 白衣《はくい》にドキドキ!?

ハナは、白衣姿《はくいすがた》にドキドキしているようです。ふだん、ドキドキは聞《き》こえなくても、心臓《しんぞう》は休《やす》まず体中《からだじゅう》に血液《けつえき》を送《おく》り出《だ》してくれています。その量《りょう》は1分間《ぶんかん》に4L。1日《にち》10万《まん》回《かい》もドキドキして、全長《ぜんちょう》10万《まん》㎞もの全身《ぜんしん》の血管《けっかん》に血液《けつえき》を送《おく》り続《つづ》けているのです。心臓《しんぞう》を出《で》た血液《けつえき》が、全身《ぜんしん》を巡《めぐ》って心臓《しんぞう》に戻《もど》るまで約《やく》20秒《びょう》。血液《けつえき》はものすごい力《ちから》で心臓《しんぞう》から押《お》し出《だ》されています。

血液《けつえき》が内側《うちがわ》から血管《けっかん》の壁《かべ》を押《お》す力《ちから》を、血《けつ》圧《あつ》といいます。1733年《ねん》、イギリスの生理《せいり》学者《がくしゃ》ステファン・ホールズは、ウマの頸動脈《けいどうみゃく》にガラス管《かん》を差《さ》し込《こ》んで、ガラス管《かん》に流《なが》れ込《こ》む血液《けつえき》の高《たか》さで血圧《けつあつ》を測《はか》りました。約《やく》100年後《ねんご》、フランスで水銀《すいぎん》U字管《じかん》を使《つか》って、人間《にんげん》の血圧《けつあつ》を測定《そくてい》する方法《ほうほう》が開発《かいはつ》されました。血圧《けつあつ》の単位《たんい》が、mmHg（水銀柱《すいぎんちゅう》ミリメートル）なのはそのためです。血圧《けつあつ》は、心臓《しんぞう》がギュッと縮《ちぢ》んで血液《けつえき》を送《おく》り出《だ》すときに一番《いちばん》高《たか》くなり（収縮期《しゅうしゅくき》血圧《けつあつ》）、心臓《しんぞう》の収縮《しゅうしゅく》が戻《もど》ったときに一番《いちばん》低《ひく》くなります（拡張期《かくちょうき》血《けつ》圧《あつ》）。最高《さいこう》血圧《けつあつ》や最低《さいてい》血圧《けつあつ》ともいわれますが、上《うえ》と下《した》ということが多《おお》いです。至適《してき》血圧《けつあつ》

（一番《いちばん》望《のぞ》ましい血圧《けつあつ》）は、上《うえ》が120で下《した》が80です。

近年《きんねん》、安《やす》くて手軽《てがる》な測定器《そくていき》が普及《ふきゅう》したことで、病院《びょういん》や診療所《しんりょうじょ》だけでなく、家庭《かてい》でも簡単《かんたん》に血圧《けつあつ》が測《はか》れるようになりました。病院《びょういん》に行《い》って血圧《けつあつ》を測《はか》ってもらうと、家《いえ》で測《はか》った血圧《けつあつ》よりも高《たか》くなることがあります。お医者《いしゃ》さんや看護師《かんごし》さんの白衣《はくい》を見《み》ると、つい、緊張《きんちょう》してドキドキして、血圧《けつあつ》が上《あ》がってしまうのです。この現象《げんしょう》は、白衣《はくい》が原因《げんいん》なので「白衣高血圧《はくいこうけつあつ》」と呼《よ》ばれています。反対《はんたい》に、病院《びょういん》で測《はか》ると正常《せいじょう》なのに、家《いえ》で測《はか》ると高《たか》くなることもあります。お医者《いしゃ》さんの前《まえ》では、正常《せいじょう》という仮面《かめん》で高血圧《こうけつあつ》を隠《かく》しているように見《み》えるので「仮面高血圧《かめんこうけつあつ》」と呼《よ》ばれています。

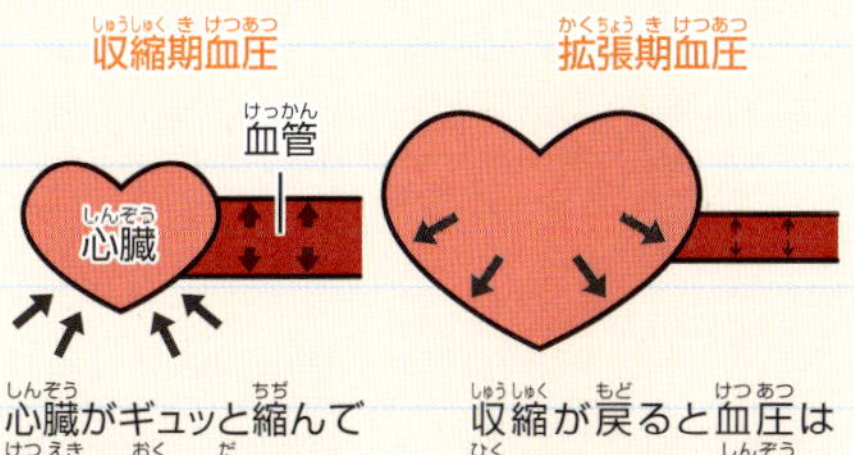

心臓《しんぞう》がギュッと縮《ちぢ》んで血液《けつえき》を送《おく》り出《だ》したとき、血圧《けつあつ》は一番高《いちばんたか》くなります。

収縮《しゅうしゅく》が戻《もど》ると血圧《けつあつ》は低《ひく》くなります。心臓《しんぞう》はこの動《うご》きを繰《く》り返《かえ》しているのです。

うひょポイントのかいせつ

うひょ31 ライムライト

『ライムライト』は、喜劇王《きげきおう》チャールズ・チャップリンが監督《かんとく》、主演《しゅえん》した映画《えいが》（1952年《ねん》）のタイトルです。美《うつく》しいバレリーナと落《お》ちぶれた道化師《どうけし》の悲恋物語《ひれんものがたり》です。タイトルの『ライムライト』とは、19世《せい》紀《き》に使《つか》われていた舞台用《ぶたいよう》の照明器具《しょうめいきぐ》です。

ライムライトを直訳《ちょくやく》すると石灰灯《せっかいとう》。酸素《さんそ》と水素《すいそ》を混《ま》ぜて火《ひ》をつけると約2700℃の高温《こうおん》になります。これを、酸水素炎《さんすいそえん》といいます。酸水素炎《さんすいそえん》は、青白《あおじろ》い光《ひかり》しか出《て》ないので、照明《しょうめい》にはなりません。この高温《こうおん》の火炎《かえん》を石灰《せっかい》に吹《ふ》きつけると、強《つよ》い白色《はくしょく》の光《ひかり》が放射《ほうしゃ》されるのです（熱放射《ねつほうしゃ》）。

当時劇場《とうじげきじょう》ではこの光《ひかり》で舞台《ぶたい》を照《て》らしていたのです。あまりに強《つよ》い光《ひかり》のために、俳優《はいゆう》たちは目《め》を痛《いた》めたともいわれています。ライムライトは、白熱灯《はくねつとう》の普及《ふきゅう》とともに20世紀初頭《せいきしょとう》には姿《すがた》を消《け》しました。その白熱灯《はくねつとう》も、今日《こんにち》、LEDへと変《か》わりつつあります。

数々《かずかず》のスターを照《て》らしたライムライト。舞台《ぶたい》からは消《き》えましたが、英語《えいご》で「名声《めいせい》」や「脚光《きゃっこう》」を表《あらわ》す言葉《ことば》として、今《いま》でも使《つか》われ続《つづ》けているのです。

キャサリンからのさいよう試験《しけん》③

うひょポイントQ&A

8個以上《こいじょう》わかったら、
私《わたし》の助手《じょしゅ》として
みとめてあげるわ!

マンガ下《した》に書《か》かれていた
うひょポイントのかいせつの中《なか》から
キャサリンがクイズを出《だ》すよ。
いくつわかるかな?

Q1
毎年観測《まいとしかんそく》できる、
三大流星群《さんだいりゅうせいぐん》は?

Q2
洗剤《せんざい》に入《はい》っている
油《あぶら》をおとす成分《せいぶん》は?

Q3
記憶《きおく》を
処理《しょり》するのは
脳《のう》の中《なか》のどこ?

Q4
金《きん》より高《たか》い
絵《え》の具《ぐ》の色《いろ》は?

Q5
苦《にが》みの
標準物質《ひょうじゅんぶっしつ》として
使《つか》われるのは?

Q6
苦味《にがみ》、甘味《あまみ》、
塩味《えんみ》、酸味《さんみ》、
もうひとつは?

Q7
LEDを
日本語《にほんご》でいうと?

Q8
血液《けつえき》が体《からだ》を
流《なが》れる量《りょう》は
1分間《ぶんかん》にどのくらい?

Q9
英語《えいご》で
「ライムライト」の
意味《いみ》は?

A1 「しぶんぎ座流星群《ざりゅうせいぐん》」「ペルセウス座流星群《ざりゅうせいぐん》」「ふたご座流星群《ざりゅうせいぐん》」 A2 界面活性剤《かいめんかっせいざい》 A3 海馬《かいば》 A4 青《あお》
A5 キニーネ A6 うま味《み》 A7 発光《はっこう》ダイオード A8 4L A9 名声《めいせい》や脚光《きゃっこう》

ダイスケの妖怪《ようかい》お助《たす》け大作戦《だいさくせん》　巻末《かんまつ》ストーリー

実験《じっけん》は楽《たの》しい!

先生《せんせい》の助手《じょしゅ》になることを決意《けつい》したダイスケ。その心《こころ》は……。

知《し》っていること、知《し》らないこと

小学生《しょうがくせい》から中学生《ちゅうがくせい》、中学生《ちゅうがくせい》から高校生《こうこうせい》になるにしたがって、知識《ちしき》はどんどん膨《ふく》らんでいきます。大人《おとな》は知識《ちしき》に豊富《ほうふ》な経験《けいけん》を加《くわ》え、活用《かつよう》します。こうして、「知《し》っていること」は増《ふ》えていきます。では、「知《し》らないこと」は減《へ》っていくのでしょうか。もちろん、1つ知識《ちしき》が増《ふ》えれば、知《し》らないことが1つ減《へ》ります。でも、無限《むげん》にある知《し》らない世界《せかい》の前《まえ》では、知《し》らないことが減《へ》ったとはとてもいえません。

知《し》っている世界《せかい》を、円《えん》で囲《かこ》んでみましょう。円《えん》の外側《そとがわ》は知《し》らない世界《せかい》です。その円《えん》は成長《せいちょう》するにつれて、大《おお》きくなっていきます。知識《ちしき》と経験《けいけん》豊富《ほうふ》な大人《おとな》が「よく知《し》っている」こと(☆)は、高校生《こうこうせい》には「今《いま》、初《はじ》めてわかった」ことであり、小学生《しょうがくせい》の目《め》の前《まえ》にあっても、気《き》づかない「知《し》らないことさえわからない」ことなのです。私《わたし》たちが「わかる」ためには、「わかるための知識《ちしき》」が必要《ひつよう》です。ですから、私《わたし》たちが知《し》らない(と、わかる)世界《せかい》は、知《し》っている世界《せかい》のすぐ向《む》こう側《がわ》、まさに円《えん》のすぐ外側《そとがわ》(赤《あか》い部分《ぶぶん》)なのです。もう、気《き》がつかれたことでしょう。大人《おとな》の「知《し》らない世界《せかい》」は、小学生《しょうがくせい》よりもずっとずっとたくさんあるので

す。すごいことだと思《おも》いませんか？

大切《たいせつ》なことは、身《み》のまわりの知《し》らない（と気《き》づくことができる）ことに、「うひょー！」に興味《きょうみ》を持《も》ち、「どうしてなんだろう？」と疑問《ぎもん》を持《も》ち、調《しら》べ、考《かんが》えることなのです。たとえ答《こた》えが見《み》つからなくても、知識《ちしき》の輪《わ》は確《かく》実《じつ》に広《ひろ》がり、次《つぎ》の「うひょー！」に出《で》あえるでしょう。僕《ぼく》は、子《こ》どもたちの持《も》つ知識《ちしき》の輪《わ》がいつまでも大《おお》きくなり続《つづ》けることを願《ねが》ってやみません。そして、私《わたし》たち大人《おとな》も、いつまでも、この輪《わ》を大《おお》きくしていかなければと思《おも》うのです。

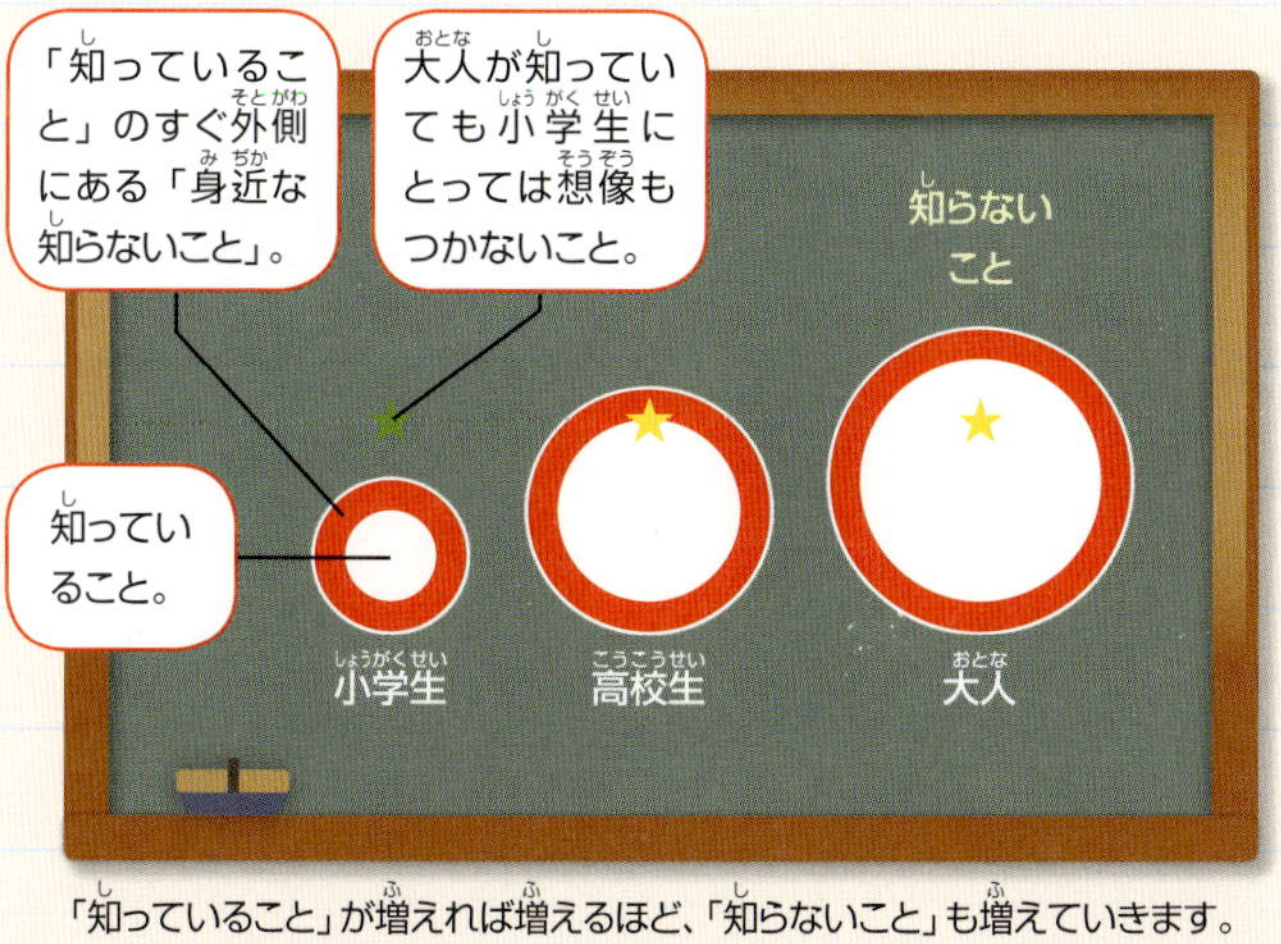

「知《し》っていること」が増《ふ》えれば増《ふ》えるほど、「知《し》らないこと」も増《ふ》えていきます。

さくいん

道具《どうぐ》や科学的《かがくてき》な用語《ようご》が出《て》てきたページをしょうかいするよ。
一度《いちど》つかった道具《どうぐ》は、他《ほか》のページにも出《て》てくることがあるから、
次《つぎ》に実験《じっけん》をするときのさんこうにしてみよう!

ローマ字《じ》

あ行《ぎょう》

色変化《いろへんげ》ホットケーキ

か行《ぎょう》

た行《ぎょう》

※ペットショップで買《か》えるよ。

ゆっくりこおる熱《あつ》い氷《こおり》

な行《ぎょう》

尿《にょう》素《そ》の結《けっ》しょうでさく花《はな》

さ行《ぎょう》

下《した》じきパワー ペラペラなのに力《ちから》持《も》ち

や行《ぎょう》

△ ミョウバン宝石《ほうせき》

ら行《ぎょう》

わ行《ぎょう》

は行《ぎょう》

△ 偏光板《へんこうばん》ステンドグラス

ま行《ぎょう》

道具《どうぐ》は、インターネットで手《て》に入《い》れられるものもあるよ。保護者《ほごしゃ》の人《ひと》と調《しら》べてみよう。

保護者の方へ伝えたいこと

センス・オブ・ワンダー。アメリカの生物学者で作家でもあったレイチェル・カーソンさんの著書『THE SENSE OF WONDER』に由来する言葉です。知らない（不思議な）ことに出会ったときに、素直に驚き、そして、どうして？　と思うことができる感性のことです。私たちのまわりには不思議（自分ではちゃんと説明できないこと）がたくさんあります。でも、私たちは、たくさんのことを学び、経験するうちに、いつのまにか不思議なことを当たり前のように感じてしまいます。

昔、初めて飛行機を見た人は腰を抜かすほどビックリしたでしょう。「ありゃ、なんで空を飛べるんだ?」と思ったにちがいありません。みなさんはきっと、飛行機を見て驚かないでしょう。いちいち腰を抜かしていては身が持ちません。では、「どうして飛行機は飛ぶのだろう?」と思うことはありますか?　飛行機は当たり前の乗り物になり、「どうして?」も当たり前になってはいませんか。「どうして?」と考えなくなってしまうことは、とてももったいないことではないでしょうか。

子どもたちは、「ねえ、どうして?　なんで?」とよく聞きます。頭の中はセンス・オブ・ワンダーでいっぱいです。僕は、子どもたちが、この好奇心いっぱいの心のまま育っていってほしいと願っています。そして、私たち大人も、いつまでも「すごい!　どうして?」という心を持ち続けていきましょう。

この本が、みなさんが子どもたちと一緒に「どうして?」を楽しむきっかけになれば幸いです。

松延　康

［ 著者略歴 ］

松延 康（まつのぶ　しずか）

北里大学大学院獣医畜産学博士課程修了（農学博士）。青森中央短大専任講師～看板職人～ガードマン～国立精神神経センター研究員を経て、理科教育研究フォーラム「夢・サイエンス」代表。幼稚園、小・中学校、科学館で年間100クラス以上の実験授業を行うとともに、小学校、中学校、高校の教育研修も行っている。NHK教育テレビ「となりの子育て」、日本テレビ「世界一受けたい授業」、テレビ東京「たけしのニッポンのミカタ!」「ソレダメ! ～あなたの常識は非常識!?～」などに出演。テレビ朝日「Qさま!!」「いきなり! 黄金伝説。」等の監修も手がけている。

理科教育研究フォーラム「夢・サイエンス」：http:www.matsunobu.com

Staff

カバーデザイン／西由希子（STUDIO DUNK）
本文デザイン／西由希子、齋藤桃子（STUDIO DUNK）
マンガ／虎山もとは
イラスト／Mine、神前季和
編集／西澤実沙子、木庭將（STUDIO PORTO）、松原健一（実務教育出版）
編集協力／相川未佳、松本理恵子、横尾直享
撮影／柴田愛子（STUDIO DUNK）、川上博司
執筆協力／青木哲郎、赤木真美子、伊庭義博、大岡まどか、大塚秀雄、大藤道衛、蒲田真由美、北原利行、佐々義子、佐藤恭子、高島賢、高瀬まさ江、竹内礼美、竹原美幸、名久正廣、松延淳子、吉田響、Gary Watkins

松《まつ》延《のぶ》康《しずか》の理《り》科《か》実《じっ》験《けん》ブック

2015年8月10日　初版第1刷発行

著　者　松延　康
発行者　池澤徹也
発行所　株式会社実務教育出版
163-8671 東京都新宿区新宿1-1-12
電話　03-3355-1812（編集）　03-3355-1951（販売）
振替　00160-0-78270
印刷所　文化カラー印刷
製本所　東京美術紙工

ISBN978-4-7889-1154-3 C8040